青少年人工智能编程 启蒙丛书

电子器件与电子CAD技术

于炜芳 谌受柏 吴胜兰 主 编
胡志强 陈 芳 朱 勇 龚运新 副主编

清华大学出版社
北京

内 容 简 介

本书首先通过电子积木来认识电气控制系统的电子元器件，再将元器件组成简单、有趣的应用产品或艺术品，进一步提高课程的吸引力；接着用 CAD（计算机辅助设计）软件制作出这些产品的原理图，将玩积木上升为技术设计，从而学习 CAD 应用软件，将玩积木和学知识有机融合，真正做到学中玩、玩中学。

本书内容科学、专业，可作为中小学"人工智能"课程的入门教材，可作为第三方进校园、学校课后服务（托管服务）课程、科创课程的教材或校外培训机构和社团机构相关专业的教材，还可作为自学人员的自学教材或家长辅导孩子的指导书。

版权所有，侵权必究。举报：010-62782989，beiqinquan@tup.tsinghua.edu.cn。

图书在版编目（CIP）数据

电子器件与电子 CAD 技术. 下 / 于炜芳，谌受柏，吴胜兰主编；胡志强等副主编. -- 北京：清华大学出版社，2024.8. -- （青少年人工智能编程启蒙丛书）.
ISBN 978-7-302-67067-4

Ⅰ．TN6-49；TN410.2-49

中国国家版本馆 CIP 数据核字第 2024V8W838 号

责任编辑：袁勤勇　杨　枫
封面设计：刘　键
责任校对：王勤勤
责任印制：刘海龙

出版发行：清华大学出版社
网　　址：https://www.tup.com.cn，https://www.wqxuetang.com
地　　址：北京清华大学学研大厦 A 座　　　　邮　编：100084
社　总　机：010-83470000　　　　　　　　　　邮　购：010-62786544
投稿与读者服务：010-62776969，c-service@tup.tsinghua.edu.cn
质量反馈：010-62772015，zhiliang@tup.tsinghua.edu.cn
课件下载：https://www.tup.com.cn,010-83470236

印　装　者：三河市铭诚印务有限公司
经　　销：全国新华书店
开　　本：185mm×260mm　　　印　张：9.75　　　字　数：143 千字
版　　次：2024 年 9 月第 1 版　　　　　　　　　印　次：2024 年 9 月第 1 次印刷
定　　价：39.00 元

产品编号：102974-01

丛书顾问委员会名单

主　任：郑刚强　陈桂生

副主任：谢平升　李　理

成　员：汤淑明　王金桥　马于涛　李尧东　龚运新　周时佐
　　　　柯晨瑰　邓正辉　刘泽仁　陈新星　张雅凤　苏小明
　　　　王正来　谌受柏　涂正元　胡佐珍　易　强　李　知
　　　　向俊雅　郭翠琴　洪小娟

策　划：袁勤勇　龚运新

顾问委员会寄语

新时代赋予新使命,人工智能正在从机器学习、深度学习快速迈入大模型通用智能(AGI)时代,新一代认知人工智能赋能千行百业转型升级,对促进人类生产力创新可持续发展具有重大意义。

创新的源泉是发现和填补生产力体系中的某种稀缺性,而创新本身是21世纪人类最为稀缺的资源。若能以战略科学设计驱动文化艺术创意体系化植入科学技术工程领域,赋能产业科技创新升级高质量发展甚至撬动人类产业革命,则中国科技与产业领军世界指日可待,人类文明可持续发展才有希望。

国家要发展,主要内驱力来自精神信念与民族凝聚力!从人工智能的视角看,国家就像是由14亿台神经计算机组成的机群,信仰是神经计算机的操作系统,精神是神经计算机的应用软件,民族凝聚力是神经计算机网络执行国际大事的全维度能力。

战略科学设计如何回答钱学森之问?从关键角度简要解读如下。

(1)设计变革:从设计技术走向设计产业化战略。

(2)产业变革:从传统产业走向科创上市产业链。

(3)科技变革:从固化学术研究走向院士创新链。

(4)教育变革:从应试型走向大成智慧教育实践。

(5)艺术变革:从细分技艺走向各领域尖端哲科。

(6)文化变革:从传承创新走向人类文明共同体。

(7)全球变革:从存量博弈走向智慧创新宇宙观。

宇宙维度多重,人类只知一角,是非对错皆为幻象。常规认知与高维认知截然不同,从宇宙高度考虑问题相对比较客观。前人理论也可颠覆,毕竟宇宙之大，人类还不足以窥见万一。

　　　　　　探索创新精神，打造战略意志；
　　　　　　成功核心，在于坚韧不拔信念；
　　　　　　信念一旦确定，百慧自然而生。

　　丛书顾问委员会由俄罗斯自然科学院院士、武汉理工大学教授郑刚强，清华大学博士陈桂生，湖南省教育督导评估专家谢平升，麻城市博达学校校长李理，中国科学院自动化研究所研究员汤淑明，武汉人工智能研究院研究员、院长王金桥，武汉大学计算机学院智能化研究所教授马于涛，麻城市博达学校董事长李尧东，无锡科技职业学院教授龚运新，黄冈市黄梅县教育局周时佐，麻城市博达学校董事李知，黄冈市黄梅县实验小学向俊雅、郭翠琴，黄冈市黄梅县八角亭中学洪小娟等组成。

丛书序

  人工智能教育已经开展了十几年。这十几年来,市场上不乏一些好教材,但是很难找到一套适合的、系统化的教材。学习一下图形化编程,操作一下机器人、无人机和无人车,这些零散的、碎片化的知识对于想系统学习的读者来说很难,入门较慢,也培养不出专业人才。近些年,国家已制定相关文件推动和规范人工智能编程教育的发展,并将编程教育纳入中小学相关课程。

  鉴于以上事实,编委会组织专家团队,集合多年在教学一线的教师编写了这套教材,并进行了多年教学实践,探索了教师培训和选拔机制,经过多次教学研讨,反复修改,反复总结提高,现将付梓出版发行。

  人工智能知识体系包括软件、硬件和理论,中小学只能学习基本的硬件和软件。硬件主要包括机械和电子,软件划分为编程语言、系统软件、应用软件和中间件。在初级阶段主要学习编程软件和应用软件,再用编程软件控制简单硬件做一些简单动作,这样选取的机械设计、电子控制系统硬件设计和软件3部分内容就组成了人工智能教育阶段的入门知识体系。

  本丛书在初级阶段首先用电子积木和机械积木作为实验设备,选择典型、常用的电子元器件和机械零部件,先了解认识,再组成简单、有趣的应用产品或艺术品;接着用CAD(计算机辅助设计)软件制作出这些产品的原理图或机械图,将玩积木上升为技术设计和学习CAD软件。这样将玩积木和学知识有机融合,可保证知识的无缝衔接,平稳过渡,通过几年的教学实践,取得了较好效果。

  中级阶段学习图形化编程,也称为2D编程。本书挑选生活中适合中小学生年龄段的内容,做到有趣、科学,在编写程序并调试成功的过程中,发展思维、提高能力。在每个项目中均融入相关学科知识，体现了专业性、严谨性。特别是图形化编程适合未来无代码或少代码的编程趋势，满足大众学习编程的需求。

图形化编程延续玩积木的思路，将指令做成积木块形式，编程时像玩积木一样将指令拼装好，一个程序就编写成功，运行后看看结果是否正确，不正确再修改，直到正确为止。从这里可以看出图形化编程不像语言编程那样有完善的软件开发系统，该系统负责程序的输入、运行，指令错误检查，调试（全速、单步、断点运行）。尽管软件不太完善，但对于初学者而言还是一种有趣的软件，可作为学习编程语言的一种过渡。

在图形化编程入门的基础上，进一步学习三维编程，在维度上提高一维，难度进一步加大，三维动画更加有趣，更有吸引力。本丛书注重编写程序全过程能力培养，从编程思路、程序编写、程序运行、程序调试几方面入手，以提高读者独立编写、调试程序的能力，培养读者的自学能力。

在图形化编程完全掌握的基础上，学习用图形化编程控制硬件，这是软件和硬件的结合，难度进一步加大。《图形化编程控制技术（上）》主要介绍单元控制电路，如控制电路设计、制作等技术。《图形化编程控制技术（下）》介绍用 Mind+ 图形化编程控制一些常用的、有趣的智能产品。一个智能产品要经历机械设计、机械 CAD 制图、机械组装制造、电气电路设计、电路电子 CAD 绘制、电路元器件组装调试、Mind+ 编程及调试等过程，这两本书按照这一产品制造过程编写，让读者知道这些工业产品制造的全部知识，弥补市面上教材的不足，尽可能让读者经历现代职业、工业制造方面的训练，从而培养智能化、工业社会所需的高素质人才。

高级阶段学习 Python 编程软件，这是一款应用较广的编程软件。这一阶段正式进入编程语言的学习，难度进一步加大。编写时尽量讲解编程方法、基本知识、基本技能。这一阶段是在《图形化编程控制技术（上）》的基础上学习 Python 控制硬件，硬件基本没变，只是改用 Python 语言编写程序，更高阶段可以进一步学习 Python、C、C++ 等语言，硬件方面可以学习单片机、3D 打印机、机器人、无人机等。

本丛书按核心知识、核心素养来安排课程，由简单到复杂，体现知识的递进性，形成层次分明、循序渐进、逻辑严谨的知识体系。在内容选择上，尽量以趣味性为主、科学性为辅，知识技能交替进行，内容丰富多彩，采用各种方法激活学生兴趣，尽可能展现未来科技，为读者打开通向未来的一扇窗。

我国是制造业大国，与之相适应的教育体系仍在完善。在义务教育阶段，职业和工业体系的相关内容涉及较少，工业产品的发明创造、工程知识、工匠精神等方面知识较欠缺，只能逐步将这些内容渗透到入门教学的各环节，从青少年抓起。

丛书编写时，坚持"五育并举，学科融合"这一教育方针，并贯彻到教与学的每个环节中。本丛书采用项目式体例编写，用一个个任务将相关知识有机联系起来。例如，编程显示语文课中的诗词、文章，展现语文课中的情景，与语文课程紧密相连，编程进行数学计算，进行数学相关知识学习。此外，还可以编程进行英语方面的知识学习，创建多学科融合、共同提高、全面发展的教材编写模式，探索多学科融合，共同提高，达到考试分数高、综合素质高的教育目标。

五育是德、智、体、美、劳。将这五育贯穿在教与学的每个过程中，在每个项目中学习新知识进行智育培养的同时，进行其他四育培养。每个项目安排的讨论和展示环节，引导读者团结协作、认真做事、遵守规章，这是教学过程中的德育培养。提高读者语文的写作和表达能力，要求编程界面美观，书写工整，这是美育培养。加大任务量并要求快速完成，做事吃苦耐劳，这是在实践中同时进行的劳育与体育培养。

本丛书特别注重思维能力的培养，知识的扩展和知识图谱的建立。为打破学科之间的界限，本丛书力图进行学科融合，在每个项目中全面介绍项目相关的知识，丰富学生的知识广度，加深读者的知识深度，训练读者的多向思维，从而形成解决问题的多种思路、多种方法、多种技能，培养读者的综合能力。

本丛书将学科方法、思想、哲学贯穿到教与学的每个环节中。在编写时将学科思想、学科方法、学科哲学在各项目中体现。每个学科要掌握的方法和思想很多，具体问题要具体分析。例如编写程序，编写时选用面向过程还是面向对象的方法编写程序，就是编程思想；程序编写完成后，编译程序、运行程序、观察结果、调试程序，这些是方法；指令是怎么发明的，指令在计算机中是怎么运行的，指令如何执行……这些问题里蕴含了哲学思想。以上内容在书中都有涉及。

　　本丛书特别注重读者工程方法的学习，工程方法一般包括6个基本步骤，分别是想法、概念、计划、设计、开发和发布。在每个项目中，对这6个步骤有些删减，可按照想法（做个什么项目）、计划（怎么做）、开发（实际操作）、展示（发布）这4步进行编写，让学生知道这些方法，从而培养做事的基本方法，养成严谨、科学、符合逻辑的思维方法。

　　教育是一个系统工程，包括社会、学校、家庭各方面。教学过程建议培训家长，指导家庭购买计算机，安装好学习软件，在家中进一步学习。对于优秀学生，建议继续进入专业培训班或机构加强学习，为参加信息奥赛及各种竞赛奠定基础。这样，社会、学校、家庭就组成了一个完整的编程教育体系，读者在家庭自由创新学习，在学校接受正规的编程教育，在专业培训班或机构进行系统的专业训练，环环相扣，循序渐进，为国家培养更多优秀人才。国家正在推动"人工智能""编程""劳动""科普""科创"等课程逐步走进校园，本丛书编委会正是抓住这一契机，全力推进这些课程进校园，为建设国家完善的教育生态系统而努力。

　　本丛书特别为人工智能编程走进学校、走进家庭而写，为系统化、专业化培养人工智能人才而作，旨在从小唤醒读者的意识、激活编程兴趣，为读者打开窥探未来技术的大门。本丛书适用于父母对幼儿进行编程启蒙教育，可作为中小学生"人工智能"编程教材、培训机构教材，也可作为社会人员编程培训的教材，还适合对图形化编程有兴趣的自学人员使用。读者可以改变现有游戏规则，按自己的兴趣编写游戏，变被动游戏为主动游戏，趣味性较高。

　　"编程"课程走进中小学课堂是一次新的尝试，尽管进行了多年的教学实践和多次教材研讨，但限于编者水平，书中不足之处在所难免，敬请读者批评指正。

丛书顾问委员会
2024年5月

　　近些年，国家已制定相关政策推动和规范编程教育的发展，将编程教育纳入中小学相关课程。为了帮助教师更有效地进行编程教育，让学生学好每一节编程课，编委会组织多年在一线教学的教师编写了本套图书，经过多次教学研讨，反复修改，反复总结提高后，现将付诸出版发行。

　　本书通过用电子积木组成简单、有趣的应用产品，边做边认识有关电气控制系统的器件。本书安排了数码管、可控硅、继电器和各种传感器，利用两个项目来介绍现代新型产业设备：太阳能电池和风力发电机。每个项目将电气实物组成本项目电气控制系统，并用计算机辅助设计软件CAD制作出这些产品原理图，带领读者逐步进入产品设计领域。

　　本书还介绍了收音机、扩音器、录音机和收录机等实用产品设计，以及几个自动化产品设计，包括金属探测器、太阳能电灯、风力发电机、人体感应门铃、流水彩灯、自动报警器、手控音乐警车混响器。制作这些美观、实用的产品，趣味性很高，可以进一步提高本书的吸引力。

　　本书特别注重产品设计的逻辑思路描写，控制电路的实现和科学构建。先构思产品，再用器件组合成电路，在搭建电路时进一步研究器件功能和使用方法，初步实现产品设计功能，最后用电子CAD设计出原理图，进一步调整完善，环环相扣，逻辑严谨。

　　本书由无锡科技职业学院于炜芳，麻城市博达学校谌受柏，武穴市思源学校吴胜兰担任主编，麻城市博达学校胡志强、陈芳，麻城市翰程培优学校朱勇，无锡科技职业学院龚运新担任副主编。

人工智能是当今迅速发展的产业，一切还在快速发展和创新中，是一个全新事物，书中难免有不足之处，敬请广大读者指正。

需要书中配套材料包的读者可发送邮件至 33597123@qq.com 咨询。

编　者

2024 年 6 月

目录

项目 16　收音机　1

　任务 16.1　收音机制作 ·· 2
　　16.1.1　收音机积木拼装 ··· 2
　　16.1.2　收音机电路图制作 ··· 3
　任务 16.2　收音机自动控制 ·· 4
　　16.2.1　收音机自动控制积木拼装 ·································· 4
　　16.2.2　收音机自动控制电路图制作 ······························ 5
　任务 16.3　总结及评价 ·· 5

项目 17　扩音器　7

　任务 17.1　简易扩音器制作 ·· 8
　　17.1.1　简易扩音器积木拼装 ··· 8
　　17.1.2　简易扩音器电路图制作 ····································· 9
　任务 17.2　扩音器知识 ·· 10
　　17.2.1　扩音器的发展史 ··· 10
　　17.2.2　扩音器工作原理 ··· 11
　任务 17.3　总结及评价 ·· 13

项目 18　数码管　14

　任务 18.1　数字显示 ·· 15

        18.1.1 数字显示积木拼装 ……………………………………… 15
        18.1.2 数字显示电路图制作 …………………………………… 16
    任务 18.2 数码管知识 ………………………………………………… 17
    任务 18.3 总结及评价 ………………………………………………… 23

项目 19　可控硅　　24

    任务 19.1 可控硅制作报警灯 ………………………………………… 25
        19.1.1 可控硅报警灯积木拼装 ………………………………… 25
        19.1.2 可控硅报警灯电路图制作 ……………………………… 26
    任务 19.2 可控硅知识 ………………………………………………… 27
        19.2.1 可控硅工作原理 ………………………………………… 27
        19.2.2 可控硅应用 ……………………………………………… 28
    任务 19.3 总结及评价 ………………………………………………… 30

项目 20　金属探测器　　31

    任务 20.1 金属探测器制作 …………………………………………… 32
        20.1.1 金属探测器积木拼装 …………………………………… 32
        20.1.2 金属探测器电路图制作 ………………………………… 33
    任务 20.2 金属探测器知识 …………………………………………… 34
        20.2.1 金属探测器发展史 ……………………………………… 34
        20.2.2 金属探测器分类 ………………………………………… 35
    任务 20.3 总结及评价 ………………………………………………… 38

项目 21　变压器　　40

    任务 21.1 变压器耦合鸟声发生器制作 ……………………………… 41
        21.1.1 变压器鸟声发生器积木拼装 …………………………… 41
        21.1.2 变压器耦合鸟声发生器电路图制作 …………………… 42
    任务 21.2 变压器知识 ………………………………………………… 43
    任务 21.3 总结及评价 ………………………………………………… 45

项目 22　继电器　　47

任务 22.1　继电器灯光控制器制作 ……………………………………… 48
22.1.1　继电器灯光控制器积木拼装 …………………………… 48
22.1.2　继电器灯光控制器电路图制作 ………………………… 49

任务 22.2　继电器知识 …………………………………………………… 50
22.2.1　继电器的符号和外形 …………………………………… 50
22.2.2　继电器工作原理 ………………………………………… 53
22.2.3　继电器主要技术参数 …………………………………… 55

任务 22.3　总结及评价 …………………………………………………… 56

项目 23　录音机　　57

任务 23.1　录音机制作 …………………………………………………… 58
23.1.1　录音机积木拼装 ………………………………………… 58
23.1.2　录音机电路图制作 ……………………………………… 59

任务 23.2　录音机知识 …………………………………………………… 61
23.2.1　录音机的发展史 ………………………………………… 62
23.2.2　录音机工作原理 ………………………………………… 68

任务 23.3　总结及评价 …………………………………………………… 69

项目 24　太阳能电灯　　70

任务 24.1　太阳能电灯制作 ……………………………………………… 71
24.1.1　太阳能电灯积木拼装 …………………………………… 71
24.1.2　太阳能电灯电路图制作 ………………………………… 71

任务 24.2　太阳能知识 …………………………………………………… 72
24.2.1　太阳能发展史 …………………………………………… 73
24.2.2　太阳能电池工作原理 …………………………………… 77

任务 24.3　总结及评价 …………………………………………………… 78

项目 25　收录机　　80

任务 25.1　收录机制作 …………………………………………………… 81
25.1.1　收录机积木拼装 ……………………………………………… 81
25.1.2　收录机电路图制作 …………………………………………… 82
任务 25.2　收录机知识 …………………………………………………… 83
任务 25.3　总结及评价 …………………………………………………… 85

项目 26　风力发电机　　87

任务 26.1　风力发电模拟机制作 ………………………………………… 88
26.1.1　风力发电模拟机积木拼装 …………………………………… 88
26.1.2　风力发电模拟机电路原理图制作 …………………………… 89
任务 26.2　风力发电机知识 ……………………………………………… 89
26.2.1　风力发电发展史 ……………………………………………… 90
26.2.2　风力发电机工作原理 ………………………………………… 92
任务 26.3　总结及评价 …………………………………………………… 95

项目 27　人体感应门铃　　96

任务 27.1　人体感应门铃制作 …………………………………………… 97
27.1.1　人体感应门铃积木拼装 ……………………………………… 97
27.1.2　人体感应门铃电路原理图制作 ……………………………… 98
任务 27.2　人体传感器知识 ……………………………………………… 99
任务 27.3　总结及评价 …………………………………………………… 101

项目 28　流水彩灯　　102

任务 28.1　流水彩灯制作 ………………………………………………… 103
28.1.1　流水彩灯积木拼装 …………………………………………… 103
28.1.2　流水彩灯电路原理图制作 …………………………………… 104
任务 28.2　彩灯发展历史 ………………………………………………… 105

目　录

      28.2.1　彩灯 ·· 105

      28.2.2　彩灯造型艺术 ·· 109

  任务 28.3　总结及评价 ··· 110

项目 29　自动报警器　　112

  任务 29.1　自动报警器制作 ··· 113

      29.1.1　自动报警器积木拼装 ·· 113

      29.1.2　自动报警器电路图制作 ··· 113

  任务 29.2　传感器知识 ··· 115

      29.2.1　传感器构造及功能 ·· 115

      29.2.2　主要传感器介绍 ·· 117

  任务 29.3　总结及评价 ··· 124

项目 30　手控音乐警车混响器　　126

  任务 30.1　手控音乐警车混响器制作 ·· 127

      30.1.1　手控音乐警车混响器积木拼装 ·································· 127

      30.1.2　手控音乐警车混响器电路图制作 ······························ 128

  任务 30.2　混响知识 ·· 129

      30.2.1　混响原理 ··· 129

      30.2.2　混响技术参数 ·· 131

  任务 30.3　总结及评价 ··· 135

项目 16　收 音 机

　　收音机是一个实用的小家电。通过这个项目，既可以掌握一些基本的电子知识和制作技巧，又可以为家里提供家电产品，一举多得。下面具体讨论收音机的制作方法。

任务 16.1　收音机制作

收音机硬件按产品说明书制作。收音机积木拼装图如图 16-1 所示，由收音机集成电路 IC1（器件编号为 55）、功放集成块 IC2（器件编号为 29）、扬声器 LB1 和开关 SW1 等组成。当合上开关时，收音机集成电路 IC 被触发，其产生的收音机信号经功放集成电路放大后，驱动扬声器 LB1 发出悦耳的声音。电源采用 4 节 5 号电池。

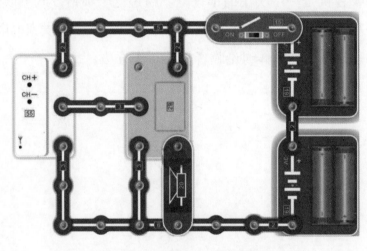

图 16-1　收音机积木拼装图

16.1.1　收音机积木拼装

按图 16-1 拼装好积木后，合上拨动开关。调频收音机系列一般可以选出 88~108MHz 的所有电台。

（1）调频收音机声：按压调频收音机上的选台按钮 CH+ 或 CH-，扬声器发出广播声。

（2）调频收音机蜂鸣声：先将扬声器（器件编号为 20）换成蜂鸣片（在器件目录表中编号为 11），再将电感线圈（器件编号为 74）并联在蜂鸣片之上，蜂鸣片发出广播声。

（3）调频收音机电动蜂鸣声：将电机（器件编号为 24）并联在蜂鸣片之上。操作同（2）。

16.1.2　收音机电路图制作

打开 EAD 软件，进入工程设计总界面，单击"新建工程"按钮，按提示新建工程，取名为 16 并保存新工程。进入制作原理图窗口，开始制作原理图。

1. 放置器件

在原理图设计界面左边的竖立工具页标签中选择"常用库"标签，所有常用元器件出现在左边的窗口中，可放置常用器件，如开关 SW1、电源和 GND。扬声器要采用搜索的方法放置，收音机集成块 IC1 和功率放大集成块 IC2 找相同引脚数的器件代替，本项目用插座代替，最好是自己制作器件库。放置器件后连接导线，完成原理图制作，如图 16-2 所示。

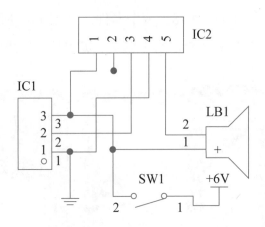

图 16-2　收音机电路图

注意：连接导线的依据是实物图 16-1，图中器件编号可以自己按顺序编排，一定不能错，如收音机 IC1 的引脚顺序，下面的引脚为 1 接电源负极，引脚 2 接功放集成块 IC2 的引脚 3，引脚 3 接电源正极。同理可连接功放集成块 IC2 的所有引脚（引脚数按顺时针排列）。

2. 保存文件

原理图制作完成后，选择"文件"→"保存"命令，这样就保存好了文件，在原来 123 文件夹中会看到取名为 16 的文件。

经过以上绘制后，一个收音机电路图设计完成，如图 16-2 所示。该电路的功能是搭建一个完整的收音机，能听到 88~108MHz 频段的所有电台。

任务 16.2　收音机自动控制

自动控制收音机，是在收音机电路基础上，增加一些器件组成的，主要便于那些定时听固定节目的人和盲人使用。

16.2.1　收音机自动控制积木拼装

收音机自动控制电路在任务 16.1 的基础上增加了三极管（器件编号为 51）和光敏电阻（器件编号为 16）两个器件，如图 16-3 所示。该图是天黑就响的调频收音机，拼装好积木后，合上开关，天黑后，收音机自动发出广播声。

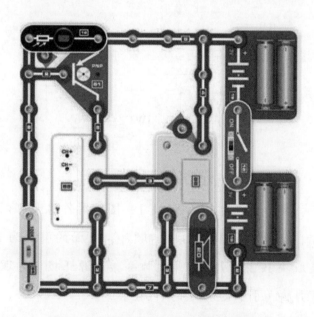

图 16-3　收音机自动控制积木拼装图

16.2.2 收音机自动控制电路图制作

在工程设计总界面，开始制作原理图。按照任务 16.1 介绍的方法可制作原理图，如图 16-4 所示。图中 IC3 为收音机集成块，IC4 是功率放大集成块，Q1 是光敏电阻放大电路，可以提高光的灵敏度。光敏电阻 U1 要通过搜索找到符号。

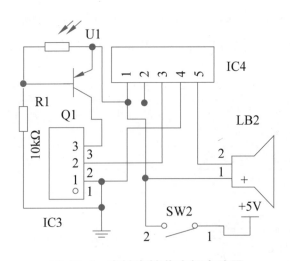

图 16-4 光敏自控收音机电路图

经过以上绘制后，光敏自控收音机电路图设计完成，该电路的功能是用光敏光阻自动控制收音机的开与关，有光时收音机开机，无光时收音机关机。

任务 16.3　总结及评价

先分组进行总结，分别说出制作过程及体会，写出书面总结，再互相检查制作结果，集体给每一位同学打分。

1. 任务完成大调查

任务完成后，还要进行总结和讨论，在表 16-1 所示打分表中打√。

表 16-1　打分表

序　号	任务 1	任务 2	任务 3
完成情况			
总分			

2. 行为考核指标

行为考核指标，主要采用批评与自我批评、自育与互育相结合的方法。采用自我考核和小组考核后班级评定的方法。班级每周进行一次民主生活会，就行为指标进行评议，德育项目评分表如表 16-2 所示。

表 16-2　德育项目评分表

项　目	内　容	等　级	备　注
学习态度	是否认真听讲		
	课余是否玩游戏		
	是否守时		
	是否积极发言		
	作业是否准时完成		
团队合作	服从小组分工		
	积极回答他人问题		
	积极帮助班级做事		
	关心集体荣誉		
	积极参与小组活动		

3. 集体讨论题

上网搜索收音机原理，并进行思维导图式讨论。

4. 思考与练习

（1）掌握收音机的基本使用方法，研究其规律。

（2）了解各种收音机，关注收音机的发展方向。

项目 17　扩 音 器

功率放大器简称为功放,一般特指音响系统中一种最基本的设备,俗称"扩音器",它的任务是把来自信号源(专业音响系统中则是来自调音台)的微弱电信号进行放大以驱动扬声器发出声音,从而使声音更大。

任务 17.1 简易扩音器制作

扩音器积木拼装电路如图 17-1 所示,由音乐集成电路 IC(器件编号为 21 号)、功放集成电路 IC(器件编号为 29 号)、扬声器 BL(器件编号为 20 号)和触发开关(器件编号为 15 号)等组成。当合上开关时,音乐集成电路 IC 被触发,其产生的音乐信号经功放集成电路 IC 放大后,驱动扬声器 BL 发出悦耳的音乐声。电容 C(器件编号为 42 号)和电阻(器件编号为 31 号)的作用是防止误触发。电源采用两节 5 号电池。

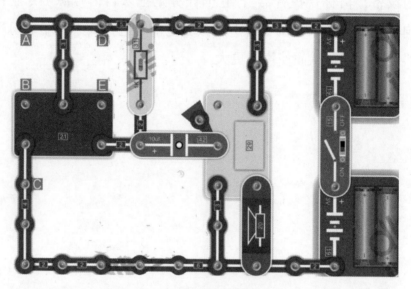

图 17-1 扩音器积木拼装电路

17.1.1 简易扩音器积木拼装

按图 17-1 拼装好电子积木后,功率放大的音乐扩音器就拼装成功了,合上开关,扬声器奏出放大了的音乐声。等音乐声停止后,就可用如下各种方法控制播放音乐。

(1)键控功率放大的音乐声。将器件表中 14 号器件(电键)接在 DE 两端。按下电键,音乐声响起;松开电键,音乐声停止。

（2）磁控功率放大的音乐声。将器件表中 14 号器件换成 13 号器件（干簧管），用磁铁吸合干簧管，播放音乐。

（3）光控功率放大的音乐声。将器件表中 13 号器件换成 16 号器件（光敏电阻），用手遮挡光敏电阻的光线，播放音乐。

（4）水控功率放大的音乐声。将器件表中 16 号器件换成 12 号器件（触摸板），只要有水滴在触摸板上就会发出声音。

（5）声控延时功率放大的音乐声。将器件表中 11 号器件（蜂鸣片）接在 AB 两端，拍手或大声讲话，音乐声响一遍就停止。

（6）声控延时功率放大的音乐声。将器件表中 11 号器件接在 BC 两端。操作同（5）。

（7）声控延时功率放大的音乐声。将器件表中 28 号器件（传声器）接在 AB 两端（正极朝上）。操作同（5）。

（8）声控延时功率放大的音乐声。将器件表中 28 号器件（传声器）接在 BC 两端（正极朝上），并将器件表中 32 号器件（5.1kΩ 电阻）接在 AB 两端，操作同（5）。

17.1.2　简易扩音器电路图制作

打开 EAD 软件，进入工程设计总界面，单击"新建工程"按钮，按提示新建工程，取名为 17，并保存新工程。进入制作原理图窗口，开始制作原理图。

1. 放置器件

在原理图设计界面中的左边竖立工具页标签中选择"常用库"标签，所有常用元器件出现在左边的窗口中，可放置常用器件，如按钮开关 SW1、电阻 R1、电容 C1、电源和地。扬声器要采用搜索的方法放置，音乐集成块 IC1 和功率放大集成块 IC2 找相同引脚数的器件代替，本项目用继电器代替，最好是自己制作器件库。放置器件后连接导线，完成原理图制作，如图 17-2 所示。

2. 保存文件

原理图制作完成后，选择"文件"→"保存"命令，这样就保存好了文件，在原来 123 文件夹中，会看到取名为 17 的文件。经过以上绘制后，一个扩音器电路图设计完成，如图 17-2 所示。该电路的功能是放大音乐声。

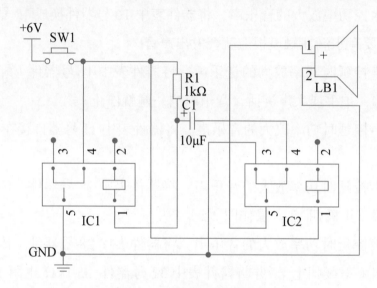

图 17-2　扩音器电路图

任务 17.2　扩音器知识

扩音器是各类音响器材中最大的一个家族，其作用主要是将音源器材输入的较微弱信号进行放大后，产生足够大的电流去推动扬声器进行声音的重放。由于需要考虑功率、阻抗、失真、动态以及不同的使用范围和控制调节功能，不同的扩音器在内部的信号处理、线路设计和生产工艺上各不相同。

17.2.1　扩音器的发展史

扩音器是 20 世纪的一个极有魅力的发明。扩音器使人们坐在家中就能欣赏喜爱的节目，还能聆听以录音手段保存下来的声音以及大自然中根本不存在的种种奇妙声音，享受到各种视听盛宴。接下来共同来探讨无线扩音器的前世今生。

早期的扩音器诞生在1915年，当时并不叫扩音器，它只是一个具有喊话器功能的喇叭。

1950年，雷威发明了现在俗称的扩音器。起初的扩音器功能单一，笨重，不便于携带。从那以后，技术人员为它的完善做出了不懈的努力。

经过一段时间的努力，手提式扩音器、便携式扩音器、蓝牙无线扩音器、红外无线扩音器相继出现，并集成了很多新功能。相对于最初的手提扩音器，其最大的进步就是解放了双手，同时扩音效果得到了极大改善。

时间流逝，扩音器电池也经历了从镍镉电池、镍氢电池到锂电池的变革。锂电池扩音器的面世，解决了传统干电池对环境的污染问题，它采用手机锂电技术给扩音器供电，电池不但寿命长，而且小巧、安全、方便，不含任何汞、镉等有毒元素，是真正的环保电池。

经过了一代一代的不断变革，扩音器才变成了我们今天使用的模样，当然，扩音器不会只发展到现阶段，以后会更好，我们拭目以待！

17.2.2 扩音器工作原理

扩音器是一种用于放大声音信号的电子设备。它们通常用于演讲、音乐表演、广播、电视等场合，以增强声音的音量和清晰度，让听众能够更好地听到声音。

扩音器的工作原理基于电子放大的原理。当声音信号进入扩音器时，它会被转换为电信号，然后通过一个放大器被放大。放大器通常由电源、输入电路、放大电路和输出电路组成。

输入电路将声音信号转换为电信号，并将其传递到放大器中的放大电路。放大电路将电信号放大到足够大的程度，以便通过输出电路输出到扬声器或其他音频设备中。输出电路负责将放大的电信号传递到扬声器中，以产生更大的声音。

扩音器的放大器通常使用半导体器件，如晶体管或场效应晶体管（FET）。

这些器件可以控制电流的变化，将小电流信号放大为大电流信号。此外，扩音器还包括一些额外的电路，如电源电路、保护电路和控制电路，以确保扩音器的安全和稳定性。

在扩音器的设计中，一些因素需要考虑，如放大器的功率、扬声器的灵敏度、阻抗匹配等，这些因素会影响扩音器的效果和性能。

放大器的功率通常以瓦特（W）或毫瓦（mW）为单位。功率越大，扩音器的输出音量越大。然而，过大的功率可能导致扬声器的损坏或失真，因此，需要根据实际需求选择适当的功率。

扬声器中的线圈通电时，其线圈就会产生磁场，在与磁铁的磁场相互作用下，线圈就会振动，从而发出声音，简单来说，这是通电导体在磁场内的受力作用。当交流音频电流通过扬声器的线圈（音圈）时，音圈中就产生了相应的磁场。这个磁场与扬声器上自带的永磁体产生的磁场产生相互作用力。于是这个力就使音圈在扬声器的自带永磁体的磁场中随着音频电流振动起来。而扬声器的振膜和音圈是连在一起的，因此，振膜也振动起来。振动就产生了与原音频信号波形相同的声音。扩音器如图17-3所示。

图 17-3　扩音器

扬声器的灵敏度表示其产生的声音量与输入电力之间的关系。灵敏度越高，扬声器在相同的输入电力下产生的声音就越大。在选择扬声器时，需要考虑扩音器的功率和灵敏度，以确保它们之间的匹配。

阻抗匹配也是一个重要的因素。扬声器的阻抗通常以欧姆（Ω）为单位。放大器的输出阻抗需要与扬声器的输入阻抗匹配，以确保最大化功率传输并防止电路损坏。

总之，扩音器是一种基于电子放大的原理工作的设备，通过将声音信号转换为电信号，再通过放大电路将电信号放大，最终通过输出电路输出到扬声器中产生更大的声音。在设计和选择扩音器时，需要考虑功率、灵敏度、阻抗匹配等因素，以确保最佳的音频效果和性能。

任务 17.3　总结及评价

先分组进行总结，分别说出制作过程及体会，写出书面总结，再互相检查制作结果，集体给每一位同学打分。

1. 任务完成大调查

任务完成后，还要进行总结和讨论，教学时可用表 16-1 所示的打分表进行评价。

2. 行为考核指标

行为考核指标，主要采用批评与自我批评、自育与互育相结合的方法。采用自我考核和小组考核后班级评定的方法。班级每周进行一次民主生活会，就行为指标进行评议，教学时可用表 16-2 所示的评分表来进行评分。

3. 集体讨论题

上网搜索扩音器的基本原理，并进行思维导图式讨论。

4. 思考与练习

（1）掌握扩音器的基本使用方法，研究其规律。

（2）了解各种扩音器，研究它们的优、缺点。

项目 18　数　码　管

半导体发光器件是数码管的一种，数码管可分为七段数码管和八段数码管，区别在于八段数码管比七段数码管多一个用于显示小数点的发光二极管单元，其基本单元是发光二极管。

项目 18　数 码 管

任务 18.1　数 字 显 示

数码管原理数由 7 段笔画组成，每个笔画内都有一个发光二极管，小数点内也有一个发光二极管，共有 8 个发光二极管，将这 8 个发光二极管正极（阳极）连在一起，叫作共阳极数码管（也有共阴极数码管）。只要接通相应的发光二极管，即可组成不同的数字或字母。所有线全接通（若使用开关，开关全合上）时，数码管全亮。

18.1.1　数字显示积木拼装

按图 18-1 拼装的积木，每一显示段没有使用开关，直接用导线连上，由于导线连接和断开都很容易，因此可免去开关，要点亮哪一段就连上该段的导线，不点亮时就拔掉该段的导线。本项目只用一个电源开关。当开始显示各数字和字母时，先对数码管进行测试，测试时，先合上电源开关，所有段数码管都点亮，说明该数码管完好。下面进行数字和字母显示操作。

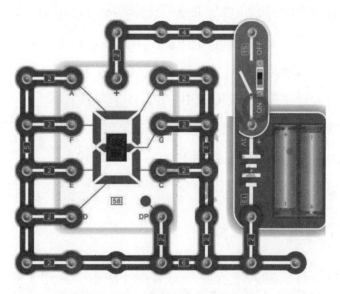

图 18-1　数码管器件拼装图

（1）显示数字 1：只接通 B、C 上导线；

（2）显示数字 2：只接通 A、B、G、E、D 上导线；

（3）显示数字 3：只接通 A、B、C、D、G 上导线；

（4）显示数字 4：只接通 F、G、B、C 上导线；

（5）显示数字 5：只接通 A、G、C、D 上导线；

（6）显示数字 6：只接通 A、F、D、E、G 上导线；

（7）显示数字 7：只接通 A、B、C 上导线；

（8）显示数字 8：只接通 A、B、C、D、E、F、G 导线；

（9）显示数字 9：只接通 A、B、C、D、F、G 上导线；

（10）显示数字 0：只接通 A、B、C、D、E、F 上导线；

（11）显示小数点"."：只接通 DP 上导线；

（12）显示大写字母 A：只接通 A、B、C、E、F 上导线；

（13）显示小写字母 b：只接通 F、E、D、C、G 上导线；

（14）显示大写字母 C：只接通 A、F、E、D 上导线；

（15）显示小写字母 d：只接通 B、C、D、E、G 上导线；

（16）显示大写字母 E：只接通 A、F、G、E、D 上导线；

（17）显示大写字母 F：只接通 A、F、G、E 上导线；

（18）显示大写字母 G：只接通 A、F、E、D、C 上导线；

（19）显示大写字母 H：只接通 F、B、G、E、C 上导线；

（20）显示大写字母 I：只接通 A、B、C、D 上导线；

（21）显示大写字母 J：只接通 B、C、D 上导线；

（22）显示大写字母 K：只接通 A、F、G、E、C 上导线；

（23）显示大写字母 L：只接通 F、E、D 上导线；

（24）显示小写字母 o：只接通 G、E、D、C 上导线。

18.1.2 数字显示电路图制作

打开 EAD 软件，进入工程设计总界面，单击"新建工程"按钮，按提示新建工程，取名为 18 并保存新工程。进入制作原理图窗口，开始制作原理图。

项目 18　数 码 管

1. 放置器件

本项目主要器件全部不是常用器件，要通过搜索才能找到符号，放置 8 个开关时,在搜索文本框中输入"开关"，连续放置 8 个开关；搜索数码管时，输入"数码管"，找到合适的符号放到界面中。放置器件后连接导线，完成原理图制作，如图 18-2 所示。

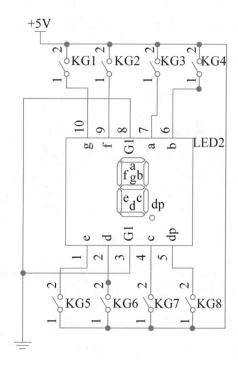

图 18-2　数码管原理图

2. 保存文件

原理图制作完成后，选择"文件"→"保存"命令，这样就保存好了文件，在原来 123 文件夹中，会看到取名为 18 的文件。经过以上绘制后，一个简单原理图设计完成，该电路的功能是研究数码管的显示。

任务 18.2　数码管知识

显示器是最常用的输出设备。特别是发光二极管（LED）显示器和液晶显示器（LCD），由于结构简单、价格便宜、接口容易，得到广泛的应用。下面介绍数码管知识。

1. 数码管结构与原理

发光二极管显示器是单片机应用产品中常用的廉价输出设备。它是由若干发光二极管组成的，当发光二极管导通时，相应的一个点或一个笔画发光，控制不同组合的二极管导通，就能显示出各种字符，常用七段显示器的结构如图 18-3 所示。

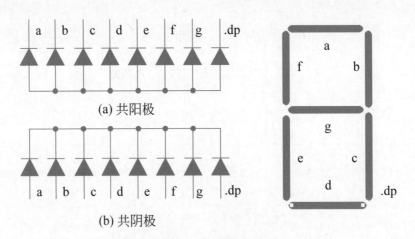

图 18-3 数码管的结构

点亮数码管有静态显示和动态显示两种方法。所谓静态显示，就是当显示器显示某一个字符时，相应的发光二极管恒定地导通或截止。例如，七段显示器的 a，b，c，d，e，f 导通，g 截止，则显示 0。这种显示方式，每一位都需要有一个 8 位输出口控制，所以占用硬件多，一般用于显示器位数较小的场合。当位数较多时，用静态显示所需的 I/O 口太多，一般采用动态显示方法。

所谓动态显示，就是一位一位地轮流点亮各位显示器（扫描），对于每一位显示器来说，每隔一段时间点亮一次。显示器的点亮既跟点亮时的导通电流有关，也跟点亮时间和间隔时间的比例有关。调整电流和时间的参数，可实现亮度较高、较稳定的显示。若显示器的位数不大于 8 位，则控制显示器公共极电位只需一个 I/O 口（称为扫描口），控制各位显示器所显示的字形也需要一个 8 位口（称为段数据口）。8255 的 A 口作为扫描口，经同相驱动器 7545N 接显示器公共极，B 口作为段数据口，经同相驱动器 7407 接显示器的各极。

数码管要正常显示，就要用驱动电路来驱动数码管的各段码，从而显示出需要的数字，因此，根据数码管的驱动方式的不同，可以分为静态驱动和动态驱动两类。

（1）静态驱动。静态驱动也称为直流驱动，是指每个数码管的每一个段码都由一个单片机的 I/O 端口进行驱动，或者使用如 BCD 码二—十进制译码器译码进行驱动。静态驱动的优点是编程简单，显示亮度高；缺点是占用 I/O 端口多，如驱动 5 个数码管静态显示则需要 $5 \times 8 = 40$ 根 I/O 端口来驱动，要知道一个 89S51 单片机可用的 I/O 端口才 32 个，实际应用时必须增加译码驱动器进行驱动，从而使硬件电路更复杂。

（2）动态驱动。数码管动态显示是单片机中应用最广泛的显示方式之一。动态驱动是将所有数码管的 8 个显示笔画（a、b、c、d、e、f、g、dp）的同名端连在一起，并为每个数码管的公共极 COM 增加位选通控制电路，位选通由各自独立的 I/O 线控制，当单片机输出字形码时，所有数码管都接收到相同的字形码，但究竟哪个数码管会显示出字形，取决于单片机对位选通 COM 端电路的控制，所以只要将需要显示的数码管的选通控制打开，该位就显示出字形，没有选通的数码管就不会亮。通过分时轮流控制各数码管的 COM 端，就使各个数码管轮流受控显示，这就是动态驱动。在轮流显示过程中，每位数码管的点亮时间为 1~2ms，由于人的视觉暂留现象及发光二极管的余晖效应，尽管实际上各位数码管并非同时点亮，但只要扫描的速度足够快，给人的感觉就是一组稳定的显示数据，不会有闪烁感。动态显示的效果和静态显示是一样的，但能够节省大量的 I/O 端口，而且功耗更低。

2. 数码管技术参数

数码管是一种电流型的器件，参数很多，主要有工作时的电流与电压、显示位数、字高、外形尺寸等。

（1）数码管参数。

8字高度：8字上沿与下沿的距离，比外形高度小，通常用英寸（inch）来表示，一般为0.25~20英寸（每1英寸=0.0254m）。

长×宽×高：长——数码管正放时，水平方向的长度；宽——数码管正放时，垂直方向上的长度；高——数码管的厚度。

时钟点：四位数码管中，第二位8与第三位8字中间的两个点，一般用于显示秒。

电流：静态时，推荐使用10~15mA；动态时，16/1动态扫描，平均电流为4~5mA，峰值电流为50~60mA。

电压：查引脚排布图，看一下每段的芯片数量是多少。当使用红色数码管时，使用1.9V乘以每段的芯片串联的个数；当使用绿色数码管时，使用2.1V乘以每段的芯片串联的个数。

（2）恒流驱动与非恒流驱动对数码管的影响如下。

① 显示效果。由于发光二极管基本上属于电流敏感器件，其正向压降的分散性很大，并且还与温度有关，为了保证数码管具有良好的亮度均匀度，就需要使其具有恒定的工作电流，且不能受温度及其他因素的影响。另外，当温度变化时驱动芯片还要能够自动调节输出电流的大小，以实现色差平衡温度补偿。

② 安全性。即使是短时间的电流过载也可能对发光管造成永久性的损坏，采用恒流驱动电路后可防止由于电流故障所引起的数码管的大面积损坏。

另外，通常采用的超大规模集成电路还具有级联延时开关特性，可防止反向尖峰电压对发光二极管的损害。

超大规模集成电路还具有热保护功能，当任何一片电路的温度超过一定值时可自动关断，并且可在控制室内看到故障显示。数码管亮度不一致性问题，有两大因素，一是原材料芯片的选取，二是使用数码管时采取的控制方式。

3. 数码管的型号及识别

8字形的器件，引线已在内部连接完成，只需引出它们的各个笔画，即公共电极。LED数码管常用段数一般为7段，有的另加一个小数点，还有一种是类似于3位+1型。位数有半位、1位、2位、3位、4位、5位、6位、8位、10位等。

1）数码管型号

数码管按段数可分为七段数码管和八段数码管，八段数码管比七段数码管多一个发光二极管单元（多一个小数点显示）；按能显示多少个8可分为1位、2位、4位等数码管；按发光二极管单元连接方式可分为共阳极数码管和共阴极数码管。共阳极数码管是指将所有发光二极管的阳极接到一起形成公共阳极（COM）的数码管。共阳极数码管在应用时应将公共极COM接到+5V，当某一字段发光二极管的阴极为低电平时，相应字段就点亮；当某一字段的阴极为高电平时，相应字段就不亮。共阴极数码管是指将所有发光二极管的阴极接到一起形成公共阴极（COM）的数码管。共阴极数码管在应用时应将公共极COM接到地线GND上，当某一字段发光，二极管的阳极为高电平时，相应字段就点亮；当某一字段的阳极为低电平时，相应字段就不亮。各种数码管的形状如图18-4所示。

图18-4　数码管的形状

2）国产LED数码管型号的命名

国产LED数码管的型号命名由4部分组成，型号命名及含义如表18-1所示。

第一部分用字母BS表示产品主称为半导体发光数码管。

第二部分用数字表示 LED 数码管的字符高度，单位为 mm。

第三部分用字母表示 LED 数码管的发光颜色。

第四部分用数字表示 LED 数码管的公共极性。

表 18-1　国产 LED 数码管的型号命名及含义

第一部分：主称		第二部分：字符高度	第三部分：发光颜色		第四部分：公共极性	
字母	含义		字母	含义	数字	含义
BS	半导体发光数码管	用数字表示数码管的字符高度，单位是 mm	R	红	1	共阳极
			G	绿	2	共阴极
			OR	橙红		

例如：BS 12.7 R—1 表示字符高度为 12.7mm 的红色共阳极 LED 数码管，其中 BS 表示半导体发光数码管，12.7 表示 12.7mm，R 表示红色，1 表示共阳。

3）数码管引脚排布

图 18-5 是 1 位七段数码管引脚图，请大家记好引脚的顺序，以便正确使用。

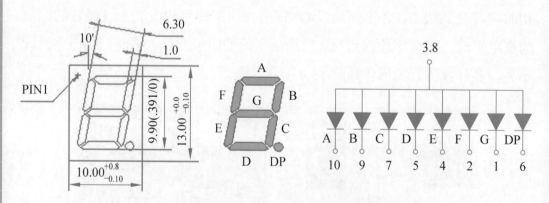

图 18-5　1 位七段数码管引脚图

数码管使用条件如下：① 段及小数点上加限流电阻；② 使用电压，段由根据发光颜色决定；小数点由发光颜色决定；③ 使用电流，静态总电流为 80mA（每段为 10mA），动态平均电流为 4~5mA，峰值电流为 100mA。

上面这个只是七段数码管引脚图，其中共阳极数码管引脚图和共阴极的是一样的。

数码管使用注意事项说明如下：① 数码管表面不要用手触摸，不要用手触摸引脚；② 焊接温度为 260℃；焊接时间为 5s；③ 表面有保护膜的产品，可以在使用前撕下。

任务 18.3　总结及评价

先分组进行总结，分别说出制作过程及体会，写出书面总结，再互相检查制作结果，集体给每一位同学打分。

1. 任务完成大调查

任务完成后，还要进行总结和讨论，教学时可用表 16-1 所示的打分表进行评价。

2. 行为考核指标

行为考核指标，主要采用批评与自我批评、自育与互育相结合的方法。采用自我考核和小组考核后班级评定的方法。班级每周进行一次民主生活会，就行为指标进行评议，教学时可用表 16-2 所示的评分表来进行评分。

3. 集体讨论题

上网搜索数码管基本使用方法，并进行思维导图式讨论。

4. 思考与练习

（1）掌握数码管的基本使用方法，研究其规律。

（2）了解各种数码管。

项目 19　可 控 硅

　　在日常生活中控制家电自动通断的器件为继电器,但是继电器寿命短,电流大时通断有火花,对其他电器干扰较大,为了克服这些缺点,发明了可控硅器件。

　　可控硅(Silicon Controlled Rectifier,SCR)是一种大功率电器元件,也称为晶闸管。它具有体积小、效率高、寿命长等优点。在自动控制系统中,可作为大功率驱动器件,可实现用小功率控件控制大功率设备。它在交直流电机调速系统、调功系统及随动系统中得到了广泛应用。本项目通过对可控硅的认识和电路制作实验,全面了解可控硅。

项目 19 可 控 硅

任务 19.1 可控硅制作报警灯

可控硅制作报警灯电路由电池、可控硅、指示灯、电键、开关等组成。电路必须组成两个回路，一个是主回路，另一个是触发回路，主回路控制电灯，触发回路控制可控硅通断。电源采用 4 节 5 号电池。

19.1.1 可控硅报警灯积木拼装

可控硅报警灯电路如图 19-1 所示，由可控硅（器件编号为 62 号）、6V 灯泡（器件编号为 27 号）、拨动开关（器件编号为 15 号）等组成。由于灯泡的工作特点是不需要长期待机，因此本电路设置电源开关。长期不用时，断开开关。

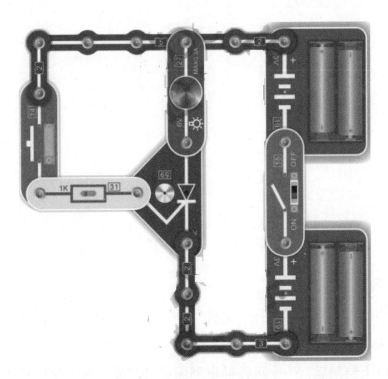

图 19-1 可控硅报警灯电路

按图 19-1 拼装好电子元件，当合上拨动开关时，可控硅不导通，灯泡不亮。按一下电键,可控硅导通,灯泡点亮。松开电键,灯泡仍点亮。要想灯泡熄灭,必须断开开关。

19.1.2 可控硅报警灯电路图制作

打开 EAD 软件,进入工程设计总界面,单击"新建工程"按钮,按提示新建工程并命名为 19 后保存新工程。进入制作原理图窗口,开始制作原理图。

1. 放置器件

本项目主要器件中的可控硅不是常用器件,要通过搜索才能找到符号,输入"可控硅",找到合适的符号放到界面中。放置器件后连接导线,完成原理图制作,如图 19-2 所示。

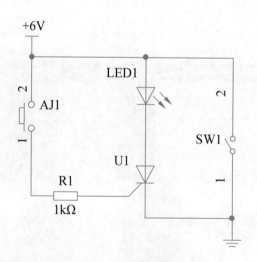

图 19-2 可控硅电路图

2. 保存文件

原理图制作完成后,选择"文件"→"保存"命令,这样就保存好了文件,在原来 123 文件夹中,会看到取名为 19 的文件。

经过以上绘制后,一个可控硅电路图设计完成,该电路的功能是用可控硅控制灯泡的亮、灭。

任务 19.2　可控硅知识

可控硅分为单向可控硅和双向可控硅两种。双向可控硅也叫作三端双向可控硅，简称为 TRIAC。双向可控硅在结构上相当于两个单向可控硅反向连接，具有双向导通功能。其通断状态由控制极 G 决定。在控制极 G 上加正脉冲（或负脉冲）可使其正向（或反向）导通。这种装置的优点是控制电路简单，没有反向耐压问题，因此特别适合做交流无触点开关使用。

19.2.1　可控硅工作原理

可控硅的优点很多，如以小功率控制大功率，功率放大倍数高达几十万倍；反应极快，在微秒级内开通、关断；无触点运行，无火花、无噪声；效率高、成本低等。

可控硅的缺点是静态及动态的过载能力较差，以及容易受干扰而误导通。

1. 单向可控硅工作原理

单向晶闸管就是人们常说的普通晶闸管，是由 4 层半导体材料组成的，有 3 个 PN 结，对外有 3 个电极，如图 19-3 所示。第一层 P 型半导体引出的电极叫作阳极 A，第三层 P 型半导体引出的电极叫作控制极 G，第四层 N 型半导体引出的电极叫作阴极 K。从晶闸管的电路符号可以看到，它和二

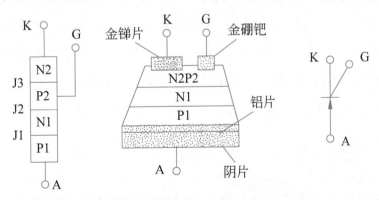

图 19-3　晶闸管特性图

极管一样是一种单方向导电的器件，关键是多了一个控制极 G，这就使它具有与二极管完全不同的工作特性。

以硅单晶为基本材料的 P1N1P2N2 四层三端器件起始于 1957 年，因为它的特性类似于真空闸流管，所以国际上通称为硅晶体闸流管，简称为晶闸管 T，又因为晶闸管最初应用在静止整流方面，所以又被称为硅可控整流元件，简称为可控硅 SCR。

单向可控硅有 3 个电极，分别叫作阳极 A、阴极 K 和控制极 G。仅在阳极 A（相对于阴极 K）加正向电压，可控硅并不导通，必须在控制极 G 加一个正向脉冲信号，可控硅才会导通。可控硅一旦导通，即便去掉控制极 G 的信号也会保持导通。若断开阳极 A 的正向电压，可控硅关断。

2. 双向可控硅工作原理

可控硅是 P1、N1、P2、N2 四层三端结构元件，共有 3 个 PN 结，分析原理时，可以把它看作由一个 PNP 管和一个 NPN 管所组成，其等效图解如图 19-4（c）所示。

双向可控硅是一种硅可控整流器件，也称作双向晶闸管。这种器件在电路中能够实现交流电的无触点控制，以小电流控制大电流，具有无火花、动作快、寿命长、可靠性高以及简化电路结构等优点。从外表上看，双向可控硅和普通可控硅很相似，也有三个电极。但是，它除了其中一个电极 G 仍叫作控制极外，另外两个电极通常不叫作阳极和阴极，而统称为主电极 T1 和 T2。它的符号也和普通可控硅不同，是把两个可控硅反接在一起画成的，如图 19-4 所示。它的型号在我国一般用 3CTS 或 KS 表示；在国外的资料中也有用 TRIAC 表示的。双向可控硅的规格、型号、外形以及电极引脚排列依生产厂家不同而有所不同，但其电极引脚多数是按 T1、T2、G 的顺序从左至右排列（观察时，电极引脚向下，面对标有字符的一面）。

19.2.2 可控硅应用

可控硅是一个具有三个 PN 结、四层结构的大功率半导体器件，具有体

项目 19 可控硅

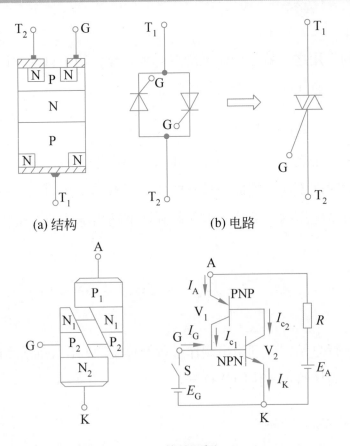

(a) 结构　　　　(b) 电路

(c) 等效图解

图 19-4　晶闸管特性图

积小、结构简单、功能强、抗高压的特点,现已应用于电视机、电冰箱、无线电遥控、摄像机、定时控制器等设备中。

1. 可控整流作用

可控硅的作用之一就是可控整流,这也是可控硅最基本和重要的作用。大家所熟知的二极管整流电路只可完成整流的功能,并没有实现可控,而一旦把二极管换成可控硅,便构成了一个可控整流电路。在一个基本的单相半波可控整流电路中,当正弦交流电压处于正半周时,只有在控制极外加触发脉冲时,可控硅才被触发导通,负载上才会有电压输出,因此可以通过改变控制极上触发脉冲到来的时间来进一步调节负载上输出电压的平均值,达到可控整流的作用。

2. 用作无触点开关

可控硅的作用之二就是用作无触点开关，经常用于自动化设备中，代替通用继电器，具有无噪声、寿命长的特点。

3. 开关和调压作用

可控硅的作用之三就是起到开关和调压的作用，经常应用于交流电路中，由于其被触发时间不同，因此通过它的电流只有其交流周期的一部分，通过它的电压只有全电压的一部分，因而起到调节输出电压的作用。

任务 19.3　总结及评价

先分组进行总结，分别说出制作过程及体会，写出书面总结，再互相检查制作结果，集体给每一位同学打分。

1. 任务完成大调查

任务完成后，还要进行总结和讨论，教学时可用表 16-1 所示的打分表进行评价。

2. 行为考核指标

行为考核指标，主要采用批评与自我批评、自育与互育相结合的方法。采用自我考核和小组考核后班级评定的方法。班级每周进行一次民主生活会，就行为指标进行评议，教学时可用表 16-2 所示的评分表来进行评分。

3. 集体讨论题

上网搜索可控硅资料，并进行思维导图式讨论。

4. 思考与练习

（1）掌握电子 EDA 中可控硅器件的基本作图方法，研究其规律。

（2）了解各种可控硅和大功率可控硅的使用方法。

项目 20　金属探测器

　　金属探测器（metal detector）是一种应用广泛的探测器，主要有三大类：电磁感应型、X射线检测型和微波检测型。

　　金属探测器是用于探测金属的电子仪器，可应用于多个领域：在军事上，可用于探测金属地雷；在安全领域，可以探测随身携带或隐藏的武器与作案工具；在考古方面，可以探测埋藏金属物品的古墓，找到古墓中的金银财宝与首饰或其他金属制品；在工程中，可用于探测地下金属埋设物，如管道、管线等；在矿产勘探中，可用来检测和发现自然金颗粒；在工业上，可用于在线监测，如去掉棉花、煤炭、食品中的金属杂物等。金属探测器还可作为开展青少年国防教育与科普活动的用具，还不失为一种有趣的娱乐玩具，特别是最近几年，欧美国家已将个人兴趣类金属探测器大范围普及，将金属探测活动演变成为户外运动的一部分。

任务 20.1　金属探测器制作

金属探测器由金属探测器 IC（器件编号为 49 号）、电感线圈（器件编号为 74 号）、红色发光二极管（器件编号为 17 号）、1kΩ 电阻（器件编号为 31 号）、开关（器件编号为 15 号）等组成。电源采用 4 节 5 号电池。由于金属探测器的工作特点是不需要长期待机，因此本电路设电源开关，长期不用时，断开开关。

20.1.1　金属探测器积木拼装

按图 20-1 拼装好积木后，当合上开关时，发光二极管不亮，将一个金属物体（如积木的导线或铁器）放在电感线圈上面，发光二极管就发光；拿开金属物体，发光二极管熄灭。

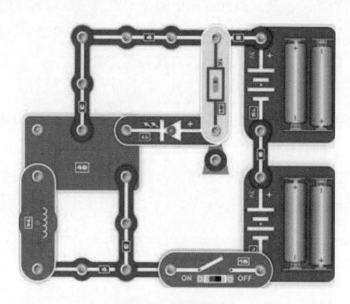

图 20-1　金属探测器

金属探测器是一种专门用来探测金属的仪器，它可以用于游戏娱乐、安全检查及搜查金属制品，包括手机、管制刀具等。根据本制作原理，还可以设计、制作出汽车探测、流量统计、电梯楼层控制、生产设备位置检测、生产设备开发设计、电子产品设计、游乐设备开发、金属接近开关等器件。

20.1.2 金属探测器电路图制作

打开 EDA 软件，进入工程设计总界面，单击"新建工程"按钮，按提示新建工程，命名为 20 并保存新工程。进入制作原理图窗口，开始制作原理图。

1. 放置器件

在原理图设计界面左边的竖立工具页标签中选择"常用库"页标签，所有常用元器件出现在左边的窗口中，在窗口中选中常用元件，放置在界面中，分别放置发光二极管 LED1、电感器 L1、电阻 R1。金属探测器 IC1 和开关 SW1 要通过搜索方法找到电气符号，金属探测器集成块 IC1 可以找相同管脚数的器件代替，本项目用继电器代替，最好自己制作器件库。放置器件后连接导线，完成原理图制作，如图 20-2 所示。

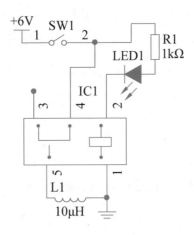

图 20-2 金属探测器电路图

2. 保存文件

原理图制作完成后，选择"文件"→"保存"命令，这样就保存好了文件，在原来 123 文件夹中，会看到取名为 20 的文件。

经过以上绘制后，一个金属探测器电路图设计完成，该电路的功能是通过发光二极管的亮灭来探测是否存在金属。

任务 20.2　金属探测器知识

金属探测器是用于探测金属的电子仪器，可应用于多个领域。

金属探测器基本原理：通常由两部分组成，即检测线圈与自动剔除装置，其中检测线圈为核心部分。线圈通电后会产生磁场，有金属进入磁场，就会引起磁场变化，由此判断有无金属杂质。

20.2.1　金属探测器发展史

世界上第一台金属探测器诞生于 1931 年，并将金属探测器推向市场，广泛地应用于矿藏探测、刑侦探测、工业探测、宝藏探测等多个领域，社会各界仍然公认费舍尔博士为金属探测器之父。

金属探测安检门诞生于 1960 年，最初步入工业时代的金属探测器主要应用于工矿业，是检查矿产纯度，提高效益的得力帮手。随着社会的发展，犯罪案件的上升，1970 年，金属探测器被引入一个新的应用领域——安全检查，也就是现代所使用的金属探测安检门雏形，它的出现意味着人类对安全的认知已步入一个新纪元。

一个产品的出现带动了一个行业的发展，于是安检这个既陌生又熟悉的行业开始进入市场。50 多年过去了，金属探测器经历了几代探测技术的变革，从最初的信号模拟技术到连续波技术直到现代所使用的数字脉冲技术，金属探测器简单的磁场切割原理被引入多种科学技术成果。无论是灵敏度、分辨率、探测精确度还是工作性能都有了质的飞跃。应用领域也随着产品质量的提高延伸到了多个行业。

20 世纪 70 年代，随着航空业迅速发展，劫机和危险事件的发生使航空及机场安全逐渐受到重视，于是在机场众多设备中，金属探测安检门扮演着排查违禁物品的重要角色。同样在 20 世纪 70 年代，由于金属探测安检门在机场安检中的崭露头角,大型运动会(如奥运会、亚运会、全运会),展览会及政府重要部门的安全保卫工作中将金属探测安检门作为必不可少的安检仪器。

发展到20世纪80年代,监狱暴力案件呈直线上升趋势,如何及早有效预防并阻止暴力案件发生成了监狱管理工作的重中之重,在依靠警员对囚犯加强管理的同时,金属探测安检门再次成为美国、英国、比利时等发达国家监狱管理机构必备的安检设备,形成平均每300个囚犯使用一台金属探测安检门用于安检;与此同时,手持式、便携式金属探测器得到长足发展。

进入20世纪90年代,迅速升温的电子制造业成了这个时代的宠儿,大型电子公司为了减少产品流失、结束员工与公司之间的尴尬局面,陆续采用金属探测安检门和手持式金属探测器作为管理员工行为、减少产品流失的利刃。于是金属探测器又有了新的角色——产品防盗。"9·11"事件以后,反恐成为国际社会一个重要议题。爆炸案、恐怖活动的猖獗使恐怖分子成了各国安全部门誓要打击的对象。此时,国际社会对"安全防范"的认知被提到一个新的高度。受"9·11"事件影响,各行各业都加强保安工作的部署,正是受此影响,金属探测器的应用领域也成功地渗透到其他行业。

20.2.2 金属探测器分类

金属探测器应用很广,种类很多,主要分为地下型、手持型、输送型、下落式、管道式、真空式、压力式等。

1. 地下型

地下金属探测器是应用先进技术制作,它具有探测度广、定位准确、分辨力强、操作简易等特点。金属探测器主要是用探测和识别隐埋地下的金属物。它除了在军事上应用外,还广泛用于安全检查、考古、探矿、寻找废旧金属,又称为"探铁器",是废旧品回收的好帮手。

地下金属探测器采用声音报警及仪表显示,探测深度跟被探金属的面积、形状、重量都有很大的关系,一般来说,面积越大,数量越多,相应的探测深度也越大；反之，面积越小，数量越少，相应的深度就越小。

2. 手持型

手持型金属探测器被用来探测人或物体携带的金属物，如图20-3所示。高铁和飞机场入口检测处，就是用的这种检测设备。

图 20-3　手持型金属检测器

它可以探测出人所携带的包裹、行李、信件、织物等所带的武器、炸药或小块金属物品，其敏感表面的特别外观令操作简便易行，有超高灵敏度，一般应用于监狱、芯片厂、考古研究、医院等场所。

3. 输送型

输送型金属探测仪采用上下结构，可以以拆分方式制作，可以很方便地进行设备安装使用和维护，避免了以前设备探测仪皮带只能从探测仪内部通过的弊端，也避免了中心位置灵敏度低的问题，使用更方便；但是它带来另一个问题，即两侧存在死区，因此一般在大型的输送带上安装使用。

4. 下落式

下落式金属探测器一般都带有自动剔除装置，习惯上称为下落式金属探测器。金属探测器对产品的包装要求是不能含有金属，但是考虑到密封性、避光性等较高的要求，必须采用金属复合膜进行包装。金属复合膜其本身就是金属，所以如果用管道式金属探测器，检测灵敏度就会有大的偏差，甚至无法检测。鉴于上述原因，可以选择在包装前进行检测。下落式金属探测器就是针对上述情况被开发出来的，主要用于药片、胶囊及颗粒状（塑料粒子等)、粉末状物品的检测。当这些物品通过下落式金属探测器时,一旦被检测到金属杂质,系统即刻启动分离机构排除可疑物品。它具有安装简单、灵敏度高、维修方便、效率高、稳定可靠等特点。

5. 管道式

一般的金属探测器都无法完整监控流体产品的整个生产过程,如火腿肠的肉酱、口香糖胶、口服液等,实时在线剔除金属杂质,确保产品安全输送到下道工序。一般情况下,这些产品都是以金属封装的,变成成品以后一般都无法用金属探测器来检测,通常用管道式金属探测器来检测。另外,液态或黏稠状物品在罐装或封装前检测,可以有效提高检测精度。

6. 真空式

金属分离系统用于检测风送散料材料,如颗粒中除去磁性和非磁性的金属微粒(钢、不锈钢、铝等)。金属污染物由"迅速排除系统"排除,不会干扰材料流量,甚至在很高的流量下,污染材料将被排除到一个容器,容器也会自动地被清理。金属分离系统主要用于卫生标准不太严格的工业,它用于检查干的散料材料。

7. 压力式

压力式金属探测器用于检测风送散料(如颗粒、粉末和面粉)中的金属杂质(钢、不锈钢、铝等)。Quick Flap System 能在物料高速流动的情况下,迅速将受污染的物料剔除到废料箱,不会干扰生产过程。废料箱可自动排空。金属分离系统系列主要用于食品、化工和医药行业用于控制质量,所有系统的组成部分须根据严格的工业卫生标准而设计。

8. 平板式

平板式金属探测器通常用于检测厚度比较薄,但是宽度和长度比较大的产品,如纺织布、挤出的片材,其首要目的是保护下游设备,如切割刀具、压延系统等;同时,提高产品品质。

9. 无线式

金属探测器应用图例由于电流的脉动和电流滤波的原因,金属探测器对检测物品的输送速度有一定的限制。如果输送速度超过合理范围,检测器的灵敏度就会下降。为了确保灵敏度不下降,必须选择合适的金属探测器以适应相应的被检测产品。一般来说,检测范围尽可能控制在最小值,对于高频感应性好的产品,检测器通道大小应匹配于产品尺寸。检测灵敏度的调整要参考检测线圈的中心来确定,中心位置的感应最低。产品的检测值会随生产条件的变化而变化,如温度、产品尺寸、湿度等的变化,可通过控制功能作调整补偿。

小的表面积,对金属探测器而言最难检测。因此,球状物可作为检测灵敏度的参考样本。对于非球状的金属,检测灵敏度很大程度上取决于金属的位置,不同的位置有不同的横断面积,检测效果也就不同。例如,纵向通过时,铁比较灵敏,而高碳钢和非铁就不太灵敏;横向通过时,铁不太灵敏,高碳钢和非铁则比较灵敏。

在食品工业中,系统通常使用较高的工作频率。对于如奶酪食品,由于其内在的高频感应性能好,会成比例地增加高频信号的响应。潮湿的脂肪或盐分物质,如面包类、奶酪、香肠等的导电性能与金属相同,在这种情况下,为了防止系统给出错误信号,必须调整补偿信号,降低感应灵敏度。

10. 未来的金属探测器

现代金属探测器使用微芯片技术进行高度计算机化,以调节搜索精度、金属识别度、搜索速度等,并记录下来以备不时之需。与十年前相比,检测器变得更轻巧,具有更深的检测能力,功耗更低,并能够更准确地分拣金属。

任务 20.3　总结及评价

先分组进行总结,分别说出制作过程及体会,写出书面总结。再互相检查制作结果,集体给每一位同学打分。

1. 任务完成大调查

任务完成后，还要进行总结和讨论，教学时可用表 16-1 所示的打分表进行评价。

2. 行为考核指标

行为考核指标，主要采用批评与自我批评、自育与互育相结合的方法。采用自我考核和小组考核后班级评定的方法。班级每周进行一次民主生活会，就行为指标进行评议，教学时可用表 16-2 所示的评分表来进行评分。

3. 集体讨论题

上网搜索金属探测器种类及设计技术，并进行思维导图式讨论。

4. 思考与练习

（1）掌握电子 EDA 的基本原理图修改方法，研究其规律。

（2）了解各种金属探测器及其发展方向。

项目 21 变 压 器

在日常生活中有很多弱电电器,如手机、电视机、计算机等。除了基本的 5 个器件(电阻器、电容器、电感器、二极管、三极管)外,还有变压器等器件。变压器(transformer)是利用电磁感应的原理来改变交流电压的装置,主要构件是初级线圈、次级线圈和铁心(磁心),主要功能有电压变换、电流变换、阻抗变换、隔离、稳压(磁饱和变压器)等。

变压器按用途可以分为配电变压器、电力变压器、全密封变压器、组合式变压器、干式变压器、油浸式变压器、单相变压器、电炉变压器、整流变压器、电抗器、抗干扰变压器、防雷变压器、箱式变电器、试验变压器、转角变压器、大电流变压器、励磁变压器等。本项目通过对变压器的认识和电路制作实验,全面了解变压器。

项目 21　变 压 器

任务 21.1　变压器耦合鸟声发生器制作

变压器耦合鸟声发生器电路由变压器（器件编号为 60）、扬声器（器件编号为 20）、电容器（器件编号为 40、41、42）、电阻器（器件编号为 31、33、34）、开关（器件编号为 15）、NPN 三极管（器件编号为 52）等组成。电源采用两节 5 号电池。由于变压器鸟声发生器的工作特点是不需要长期工作，因此本电路设电源开关，长期不用时，断开开关。

21.1.1　变压器鸟声发生器积木拼装

按图 21-1 拼装好积木后，当合上开关时，扬声器发出鸟叫声，还可增加两种鸟叫声，先将 100μF 电容器，分别换成 10μF、470μF 电容器，再合上开关，扬声器发出不同鸟叫声。再增加三种鸟叫声将蜂鸣片分别并联在 AB、BC、CD 之间，扬声器发出不同的鸟叫声。还可做成光控鸟叫声，将 100kΩ 电阻器换成光敏电阻器，可用光线控制鸟叫声。

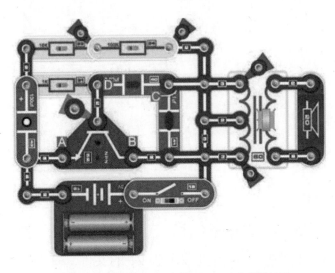

图 21-1　变压器鸟声发生器积木拼装图

发出 6 种鸟叫声先取下扬声器，将 100μF 电容器分别换成 10μF、470μF 电容器，分别用蜂鸣片并联在 AB、BC、CD 之间，蜂鸣片发出 6 种鸟叫声。

21.1.2 变压器耦合鸟声发生器电路图制作

打开 EDA 软件，进入工程设计总界面，单击"新建工程"按钮，按提示新建工程，命名为 21 并保存新工程。进入制作原理图窗口，开始制作原理图。

1. 放置器件

在原理图设计界面左边的竖立工具页标签中选择"常用库"页标签，所有常用元器件出现在左边的窗口中，在窗口中选中常用元件，放置在界面中，可分别放置三极管 Q1，变压器 T2，扬声器 LB1，开关 SW1，电源，电阻器 R1、R2、R3，电容器 C1、C2、C3，GND 等器件。放置器件后连接导线，完成原理图制作，如图 21-2 所示。

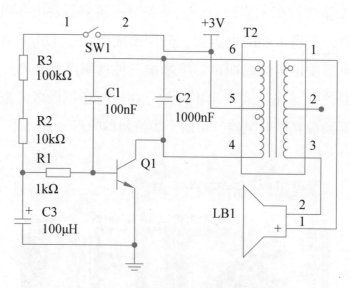

图 21-2 变压器鸟声发生器电路图

2. 保存文件

原理图制作完成后，选择"文件"→"保存"命令，这样就保存好了文件，在原来 123 文件夹中，可看到取名为 21 的文件。

经过以上绘制后一个变压器鸟声发生器电路图设计完成，该电路的功能是变压器与三极管放大器形成耦合振荡器，当合上开关 SW1 时，输出鸟叫声。

任务 21.2　变压器知识

变压器是输配电的基础设备，广泛应用于工业、农业、交通、城市社区等领域。截至 2020 年末，我国在网运行的变压器约 1700 万台，总容量约 110 亿 kV·A。变压器损耗约占输配电电力损耗的 40%，具有较大的节能潜力。变压器的 3 个变换作用为：电压变换、电流变换、阻抗变换。

1. 变压器的符号和外形

变压器是一种无源元件，可将电能从一个电路传输到另一个电路或多个电路。变压器任何线圈中变化的电流会在变压器铁心中产生变化的磁通量，从而在缠绕在同一铁心上的任何其他线圈上感应出变化的电动势。电能可以在两个电路之间没有金属（导电）连接的情况下在单独的线圈之间传输。图 21-3 为小型变压器外形图。变压器型号很多，高电压、大功率变压器体积很大，图 21-3 中是几种小功率、低电压小型变压器。

图 21-3　小型变压器外形图

变压器用于改变交流电压水平，这种变压器被称为升压型或降压型，分别用于增加或降低电压水平。变压器也可用于在电路之间提供电流隔离以及耦合信号处理电路的极。自 1885 年发明恒电位变压器以来，变压器已成为交流电的输配电应用的重要组成部分。在电子和电力应用中会遇到各种各样的变压器设计。变压器的尺寸范围从体积小于 $1m^3$ 的射频变压器到用于互连电网的重达数百吨的装置。变压器的代数符号用 T 表示，图形符号如图 21-4 所示，图 21-4（a）为双绕组空心变压器，图 21-4（b）为铁心双绕组变压器，图 21-4（c）为带中心抽头变压器。

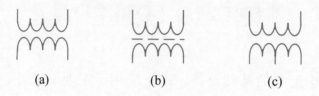

图 21-4 变压器图形符号

2. 变压器工作原理

变压器是利用电磁感应的原理来改变交流电压的装置，主要构件是初级线圈、次级线圈和铁心（磁心）。在电气设备和无线电路中，常用作升降电压、匹配阻抗、安全隔离等。在发电机中，不管是线圈运动通过磁场或磁场运动通过固定线圈，均能在线圈中感应电动势。此两种情况，磁通的值均不变，但与线圈相交链的磁通数量却有变动，这是互感应的原理。变压器就是一种利用电磁互感应变换电压、电流和阻抗的器件。

变压器组成部件包括器身（铁心、绕组、绝缘、引线），变压器油，油箱和冷却装置，调压装置，保护装置（吸湿器、安全气道、气体继电器、储油柜及测温装置等）和出线套管。具体组成及功能如下。

（1）铁心。铁心是变压器中主要的磁路部分，通常含硅量较高，厚度分别为 0.35mm、0.3mm、0.27mm，由表面涂有绝缘漆的热轧或冷轧硅钢片叠装而成。铁心分为铁心柱和横片两部分，铁心柱套有绕组，横片用来闭合磁路。

（2）绕组。绕组是变压器的电路部分，是用双丝包绝缘扁线或漆包圆线绕成。变压器的基本原理是电磁感应原理，现以单相双绕组变压器为例说明其基本工作原理。当一次侧绕组上加上电压 U_1 时，流过电流 I_1，在铁心中就产生交变磁通 O_1，这些磁通称为主磁通，在它的作用下，两侧绕组分别感应电动势，最后带动变压器调控装置。

3. 变压器产品领域的新趋势和发展

变压器正向大容量、高电压、环保型、小型化、便携化及高阻抗方向发展，未来变压器的发展会进一步加快。

（1）数字化与智能化。随着科技的不断升级，变压器产品逐渐向数字化和智能化方向发展。数字化和智能化的变压器能够实现自动化控制和信息采集，提高变压器运行的安全性、稳定性和可靠性。同时，数字化和智能化还能降低运营成本，提高生产效率，推动变压器行业的科技升级。

（2）高效节能。节能环保一直是变压器行业关注的焦点，高效节能的变压器已成为行业的新趋势。高效节能的变压器采用高效电力技术，能够有效降低功率损耗和能源消耗，同时还能够提高能源利用率，降低能耗和污染排放，符合现代社会的可持续发展理念。

（3）多功能集成。多功能集成的变压器能够实现多种功能的集成，如配电、互感、隔离、限流、降压等，能够满足不同用户的需求，提升变压器产品的竞争力和市场占有率。

（4）市场趋势和竞争形势。目前，变压器行业面临着激烈的市场竞争和技术创新，各大企业为了占据市场份额，不断推陈出新，加强技术创新和产品研发，提高产品质量和服务质量。在市场趋势方面，新能源领域的需求不断提升，变压器产品领域的数字化和智能化发展趋势越来越明显。

总之，变压器产品领域的新趋势和发展代表着科学技术的进步和市场需求的变化，各大企业应该抓住机遇，不断提升自身技术水平和服务水平，满足市场需求，推动变压器行业的长足发展。

任务 21.3　总结及评价

先分组进行总结，分别讲述制作过程及体会，写出书面总结。再互相检查制作结果，集体给每位同学打分。

1. 任务完成大调查

任务完成后，还要进行总结和讨论，教学时可用表 16-1 所示的打分表进行评价。

2. 行为考核指标

行为考核指标，主要采用批评与自我批评、自育与互育相结合的方法。采用自我考核和小组考核后班级评定的方法。班级每周进行一次民主生活会，就行为指标进行评议，教学时可用表 16-2 所示的评分表进行评分。

3. 集体讨论题

上网搜索变压器种类，并进行思维导图式讨论。

4. 思考与练习

（1）掌握变压器的基本使用方法，研究其规律。

（2）了解各种变压器的基本原理。

项目 22 继 电 器

　　继电器（relay）是一种电控制器件，是当输入量（激励量）的变化达到规定要求时，在电气输出电路中使被控量发生预定的阶跃变化的一种电器。它具有控制系统（又称为输入回路）和被控制系统（又称为输出回路）之间的互动关系。通常应用于自动化的控制电路中，它实际上是用小电流去控制大电流运作的一种"自动开关"，故在电路中起着自动调节、安全保护、转换电路等作用。本项目通过对继电器的认识和电路制作实验，全面了解继电器。

任务 22.1 继电器灯光控制器制作

每当夜幕降临时，华灯初上，五颜六色的照明灯、霓虹灯就把城市装扮得格外美丽。特别是霓虹灯，更是城市的美容师，这些灯光全由控制器的执行机构控制，执行机构大部分是继电器或可控硅。

22.1.1 继电器灯光控制器积木拼装

继电器灯光控制器电路如图22-1所示，由继电器（器件编号为61号）、电阻器（器件编号为31号）、开关（器件编号为15号）、6V灯泡（器件编号为37号）、电键（器件编号为14号）、NPN三极管（器件编号为52号）等组成。电源采用4节5号电池。由于继电器的工作特点是不需要长期工作，因此本电路设电源开关，长期不用时，断开开关。

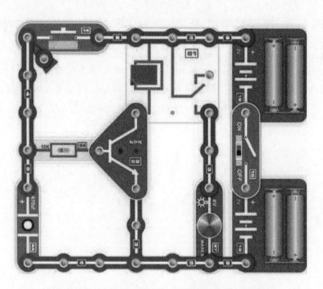

图 22-1 继电器灯光控制器积木拼装

图22-1中采用简易手动定时开关，先合上电源开关，然后轻轻按一下电键，继电器吸合，常开接点闭合，灯泡点亮，松开电键后，灯泡并不熄灭，过一段时间后，灯泡才会熄灭。

22.1.2 继电器灯光控制器电路图制作

打开 EDA 软件，进入工程设计总界面，单击"新建工程"按钮，按提示新建工程，命名为 22 并保存新工程。进入制作原理图窗口，开始制作原理图。

1. 放置器件

在原理图设计界面左边的竖立工具页标签中选择"常用库"页标签，所有常用元器件出现在左边的窗口中，在窗口中选中常用元件，放置在界面中，可分别放置二极管 LED1、电源、GND、三极管 Q1、电键 AJ1、开关 SW1、电容器 C3、电阻器 R1、继电器 RLY1 等器件。放置器件后连接导线，完成原理图制作，如图 22-2 所示。

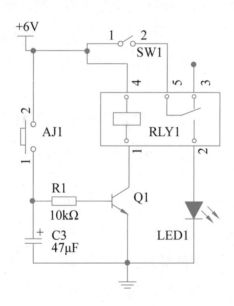

图 22-2 继电器控制原理图

2. 保存文件

原理图制作完成后，选择"文件"→"保存"命令，这样就保存好了文件，在原来 123 文件夹中，可看到取名为 22 的文件。

经过以上绘制后一个简单原理图设计完成，该电路的功能是继电器控制指示灯电路。工作过程是先合上开关 SW1，此时继电器 RLY1、三极管 Q1

通电，但是不工作。当按下电键 AJ1 时，三极管导通，线圈通电，继电器常开触点 5 和 2 之间合上，二极管 LED1 通电点亮，同时给电容 C3 充电，当松开电键 AJ1 时，由于有电容器放电，维持三极管基极电压，维持三极管工作，当持续一段时间后，三极管才停止工作，继电器失电，二极管熄灭。

任务 22.2　继电器知识

继电器线圈在电路中用一个长方框符号表示，如果继电器有两个线圈，就画两个并列的长方框。同时在长方框内或长方框旁标上继电器的文字符号 J。继电器的触点有两种表示方法。一种是把它们直接画在长方框一侧，这种表示法较为直观。另一种是按照电路连接的需要，把各个触点分别画到各自的控制电路中，通常在同一继电器的触点与线圈旁分别标注上相同的文字符号，并将触点组编上号码，以示区别。继电器的触点有如下 3 种基本形式。

（1）动合型（常开，H 型）。线圈不通电时两触点是断开的，通电后，两个触点就闭合，以"合"字的拼音首字母 H 表示。

（2）动断型（常闭，D 型）。线圈不通电时两触点是闭合的，通电后两个触点就断开，用"断"字的拼音首字母 D 表示。

（3）转换型（Z 型）。这是触点组型。这种触点组共有 3 个触点，即中间是动触点，上、下各一个静触点。线圈不通电时，动触点和其中一个静触点断开，另一个静触点闭合，线圈通电后，动触点就移动，使原来断开的成闭合，原来闭合的成断开状态，达到转换的目的。这样的触点组称为转换触点，用"转"字的拼音首字母 Z 表示。

22.2.1　继电器的符号和外形

继电器是由线圈和触点组两部分组成的，因此，继电器在电路图中的图形符号也包括两部分：一个长方框表示线圈；一组触点符号表示触点组合。

当触点不多，电路比较简单时，往往把触点组直接画在线圈框的一侧，这种画法叫作集中表示法。各种继电器外形如图22-3所示。

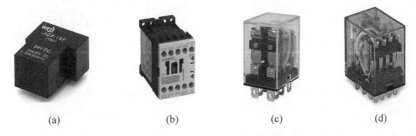

图22-3 各种继电器外形图

1. 继电器图形符号

继电器图形符号如图22-4所示，从左到右分别为双刀双掷、双刀单掷、单刀双掷、单刀单掷。

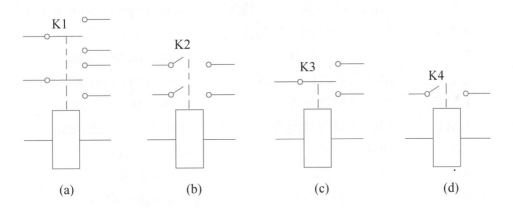

图22-4 继电器图形符号

2. 继电器的常用电气文字符号

代　号	名　　称	英　文　名　称
KAN	有或无继电器	all-or-nothing relay
KA	中间继电器	auxiliary relay
KE	电气继电器	electrical relay
KEM	机电继电器	electromechanical relay
KEM	电磁继电器	electromagnetic relay
KS	静态继电器	static relay

符号	中文名称	英文名称
KS	固体继电器	solid-state relay
KM	单稳态继电器	monostable relay
KB	双稳态继电器	bistable relay
KP	极化继电器	polarized relay
KNP	非极化继电器	non-polarized relay
KR	簧片继电器	reed relay
KT	时间继电器	time relay
KOD	动作延时继电器	on-delay relay
KFD	释放延时继电器	off-delay relay
KI	间隔定时继电器	interval relay
KF	闪光继电器	flasher relay
KSG	信号继电器	signal relay
KST	启动继电器	starting relay
KPL	脉冲继电器	pulse relay
KMI	脉冲激励间隔定时继电器	making-pulse interval relay
KBI	脉冲去激励间隔定时继电器	breaking-pulse interval relay
KT	星-三角时间继电器	star-delta time relay
KT	串联负载时间继电器	load series time relay
KSMT	累加时间继电器	summation time relay
KMT	保持式时间继电器	maintained time relay
KB	闭锁继电器	blocking relay
KC	合闸继电器	closing relay
KCP	合闸位置继电器	closing-position relay
KT	跳闸继电器	tripping relay
KTP	跳闸位置继电器	tripping-position relay
BM	量度继电器	measuring relay
BC	电流继电器	current relay
BV	电压继电器	voltage relay
BPW	功率继电器	power relay
BF	频率继电器	frequency relay
BPS	压力继电器	pressure relay
BR	电抗继电器	reactance relay
BI	阻抗继电器	impedance relay

BTE	电热继电器	thermal electrical relay
BTM	温度继电器	temperature relay
BSC	突变继电器	sudden-change relay
BG	气体继电器	gas relay
BPC	比率继电器	percentage relay
BP	保护继电器	protection relay
BDF	差动继电器	differential relay
BDR	方向继电器	directional relay
BDS	距离继电器	distance relay

22.2.2 继电器工作原理

电磁式继电器一般由铁心、线圈、衔铁、触点簧片等组成，如图 22-5 所示。当线圈断电时，电磁无吸力，衔铁就会在弹簧的反作用力下返回原来的位置并加一定的电压，线圈中就会流过一定的电流，从而产生电磁效应，衔铁就会在电磁吸引力的作用下克服返回弹簧的拉力吸向铁心，从而带动衔铁的动触点与静触点（常开触点）吸合。失电时衔铁释放常开触点断开。这样吸合、释放，从而达到了在电路中的导通、切断的目的。对于继电器的常开、常闭触点，可以这样区分：继电器线圈未通电时处于断开状态的静触点，称为常开触点；处于接通状态的静触点称为常闭触点。

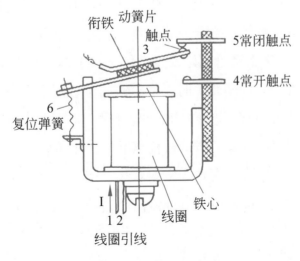

图 22-5 电磁继电器结构

1. 热敏干簧继电器的工作原理和特性

热敏干簧继电器是一种利用热敏磁性材料检测和控制温度的新型热敏开关。它由感温磁环、恒磁环、干簧管、导热安装片、塑料衬底及其他一些附件组成。热敏干簧继电器不用线圈励磁，而由恒磁环产生的磁力驱动开关动作。恒磁环能否向干簧管提供磁力是由感温磁环的温控特性决定的。

2. 固态继电器（SSR）的工作原理和特性

固态继电器是一种两个接线端为输入端，另两个接线端为输出端的四端器件，中间采用隔离器件实现输入输出的电隔离。

固态继电器按负载电源类型可分为交流型和直流型；按开关形式可分为常开型和常闭型；按隔离形式可分为混合型、变压器隔离型和光电隔离型，以光电隔离型为最多。

3. 磁簧继电器

磁簧继电器是以线圈产生磁场将磁簧管作动的继电器，是一种线圈传感装置。因此，磁簧继电器具有小巧、轻量、反应速度快、跳动时间短等特性。

当整块铁磁金属或者其他导磁物质与之靠近时，发生动作，开通或者闭合电路。磁簧继电器由永久磁铁和干簧管组成。永久磁铁、干簧管固定在一个不导磁也不带有磁性的支架上。以永久磁铁的南北极的连线为轴线，这个轴线应该与干簧管的轴线重合或者基本重合。由远及近地调整永久磁铁与干簧管之间的距离，当干簧管刚好发生动作（对于常开的干簧管，变为闭合；对于常闭的干簧管，变为断开）时，将磁铁的位置固定下来。这时，当有整块导磁材料，如铁板同时靠近磁铁和干簧管时，干簧管会再次发生动作，恢复到没有磁场作用时的状态；当该铁板离开时，干簧管即发生相反方向的动作。磁簧继电器结构坚固，触点为密封状态，耐用性高，可以作为机械设备的位置限制开关，也可以用以探测铁制门、窗等是否在指定位置。

4. 光继电器

光继电器为 AC/DC 并用的半导体继电器，指发光器件和受光器件一体化的器件。输入侧和输出侧电气性绝缘,但信号可以通过光信号传输。其特点为寿命为半永久性、微小电流驱动信号、高阻抗绝缘耐压、超小型、光传输、无接点等,主要应用于量测设备、通信设备、保全设备、医疗设备等。

22.2.3 继电器主要技术参数

继电器的 5 个主要技术参数为额定工作电压、直流电阻、吸合电流、释放电流、触点切换电压和电流,下面一一介绍各参数。

1. 额定工作电压

额定工作电压是指继电器正常工作时线圈所需要的电压,也就是控制电路的控制电压。根据继电器的型号不同,可以是交流电压,也可以是直流电压。若电压太低,继电器会抖动;电压太高,则会烧坏继电器。

2. 直流电阻

直流电阻是指继电器中线圈的直流电阻,可以通过万能表测量。有时继电器阻值太小,万用表测量时阻值为 0,此时不要轻易认定继电器已损坏,最好在线圈上加额定电压,应能听到触点吸合声音;若没有声音,才可认定继电器损坏。

3. 吸合电流

吸合电流是指继电器能够产生吸合动作的最小电流。在正常使用时,给定的电流必须略大于吸合电流,这样继电器才能稳定地工作。而对于线圈所加的工作电压,一般不要超过额定工作电压的 1.5 倍,否则会产生较大的电流而把线圈烧毁。

4. 释放电流

释放电流是指继电器产生释放动作的最大电流。当继电器吸合状态的电流减小到一定程度时,继电器就会恢复到未通电的释放状态,这时的电流远远小于吸合电流。

5. 触点切换电压和电流

触点切换电压和电流是指继电器允许加载的电压和电流。它决定了继电器能控制电压和电流的大小，使用时不能超过此值，否则很容易损坏继电器的触点。

任务22.3　总结及评价

先分组进行总结，分别说出制作过程及体会，写出书面总结。再互相检查制作结果，集体给每位同学打分。

1. 任务完成大调查

任务完成后，还要进行总结和讨论，教学时可用表16-1所示的打分表进行评价。

2. 行为考核指标

行为考核指标，主要采用批评与自我批评、自育与互育相结合的方法。采用自我考核和小组考核后班级评定的方法。班级每周进行一次民主生活会，就行为指标进行评议，教学时可用表16-2所示的评分表进行评分。

3. 集体讨论题

上网搜索继电器原理和结构，并进行思维导图式讨论。

4. 思考与练习

（1）掌握继电器的基本使用方法，研究其规律。

（2）了解继电器种类及其发展方向。

项目 23　录音机

　　录音机是一种能够记录声音和重放声音的机器，它以硬磁性材料为载体，利用磁性材料的剩磁特性将声音信号记录在载体，一般都具有重放功能。

任务 23.1　录音机制作

磁带录音机主要由机内传声器、磁带、录放磁头、放大电路、扬声器、传动机构等组成。

23.1.1　录音机积木拼装

录音机电路如图 23-1 所示，由录音机 IC（器件编号为 62）、NPN 三极管（器件编号为 52）、传声器（器件编号为 28），红色发光二极管（器件编号为 17）、扬声器 BL（器件编号为 20），二极管（器件编号为 57），电键（器件编号为 14）和拨动开关（器件编号为 15）等组成。电源采用 4 节 5 号电池。由于录音机的工作特点是不需要长期待机，因此本电路设电源开关，长期不用时，断开开关。

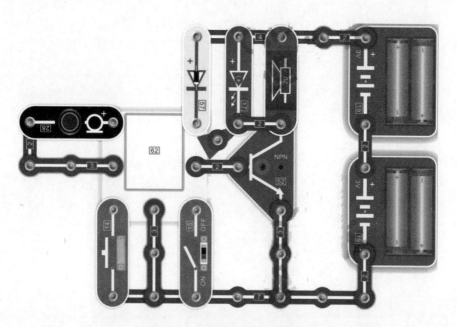

图 23-1　录音机积木拼装图

按图 23-1 拼装好电路后，合上拨动开关，听到"嘀"声且发光二极管闪一下，开始录音，6 秒后，发出"嘀嘀声"，发光二极管闪两下，录音结束。

当要播放刚才的录音时，按下电键，扬声器发出已录好的声音并播放一首音乐。将这些电键改为各种传感器时，就可组成各种自动控制录音电路。这里不再赘述，有兴趣的读者可以参看产品使用说明书。

此录音电路是采用数字录音技术，数字录音的原理主要涉及以下几个步骤。

（1）采样。将模拟声波信号按照一定规律（通常为每秒几千次）进行采样，即将声音信号转换成数字信号。采样率是指每秒采样的次数，位深度是指每个采样点使用的二进制位数。

（2）编码。将采样得到的数字信号进行编码，通常采用压缩算法，使得数字信号更小，占用存储空间更少。

（3）播放。在播放数字音频时，数字信号经过解码后变成模拟信号，再经过放大、输出等电路处理后，最终输出声音。

数字录音的优点在于它可以提供更高的音质和更长的保存时间，而且不会像模拟录音那样容易受到外界干扰。数字录音机通常使用闪存、硬盘或其他数字存储介质来保存声音文件。

23.1.2 录音机电路图制作

打开 EDA 软件，进入工程设计总界面，单击"新建工程"按钮，按提示新建工程，命名为 23 并保存新工程。进入制作原理图窗口，开始制作原理图。

1. 放置器件

在原理图设计界面左边的竖立工具页标签中选择"常用库"页标签，所有常用元器件出现在左边的窗口中，在窗口中选中常用元件，放置在界面中，可分别放置发光二极管 LED1、二极管 D1、传声器 MIC1、扬声器 SPK2、录音机 LYJ、三极管 Q1、电键 AJ1、开关 SW1 等器件。放置器件后连接导线，完成原理图制作，如图 23-2 所示。

录音机 LYJ 在常用器件库中没有，只能采用搜索方法获得，找相同引

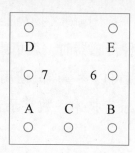

图 23-2　录音机引脚图

脚器件代替即可，本项目使用"旋转编码器"代替，搜索时在搜索栏中输入"旋转编码器"，找到适合的器件符号并放入界面中。

注意：放线的依据是实物图 23-1，图中器件编号可以自己按顺序编排，一定不能错。例如，录音机的引脚顺序，如图 23-2 所示，按照图 23-1 实物连接图，引脚 A 接电键，引脚 C 接电源负极，引脚 B 接拨动开关，引脚 7 和 D 接传声器，引脚 E 接二极管负极，引脚 6 接三极管基极。同理可连接其他导线。

2. 保存文件

原理图制作完成后，选择"文件"→"保存"命令，这样就保存好了文件，在原来 123 文件夹中，可看到取名为 23 的文件。

经过以上绘制后，一个录音机电路图设计完成，如图 23-3 所示。该电

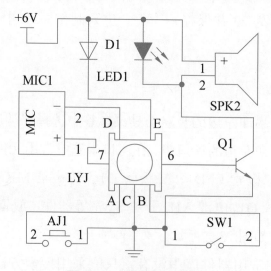

图 23-3　录音机电路图

路的功能是完成录音和播放功能。在一个录音机集成电路外围，在录音功能部分，分别接入一个传声器 MIC1 和一个按钮；在播放功能部分，分别接入一个发光二极管（注意，二极管不要接反了方向），二极管在播放时作为指示灯用；外接一个三极管，由于芯片输出电流小，三极管不设静态工作电路，直接放大微小录音芯片输出的声音信号。拼接好后，当录音时，合上拨动开关，听到"嘀"声且发光二极管闪一下，开始录音，6秒后，发出"嘀嘀声"，发光二极管闪两下，录音结束。当播放刚才录制的声音时，按住电键 AJ1，此时扬声器会播出刚才录制的声音，同时二极管会跟着闪亮。

任务 23.2　录音机知识

录音机是一种能够记录声音和重放声音的机器，分为数码录音机、磁带录音机、电话录音机等。磁带录音机的磁头在强度上的上升以及下降与信号波形有着一样的变化；而数字录音机则是另一回事，它把音频信号转换为 1 和 0 的数字编码来存储。为了更好地了解模拟录音与数字录音之间的差别，接下来讲解这方面的知识点，也可以说是录音合成技巧。

模拟录音机和数字录音机都可以精确地重放输入信号，但是它们之间有时候有一些微妙的差别。数字录音作品由于几乎不会为信号加入噪声或失真，通常会被称为"干净"的录音作品。有些模拟磁带录音机则会为声音加入少许"温暖感"，它经常会有 3 次的和谐失真、磁头的磨损（低音提升）以及磁带在高录音电平时的压缩。与模拟磁带录音机相比，数字录音作品几乎测不出嘶声、频率响应误差、调制噪声、失真、音调偏差以及复印效应等，不过这些效应在经过精心的保养和调试后的模拟磁带录音机上几乎也听不到。虽然老式数字录音机与模拟录音机相比会有些刺耳的感觉，但是数字录音机在每一次更新的时候都会得到改进。

与模拟磁带录音机相比,数字录音机和它的磁带更趋于小型化和低成本。它们可以定时记录信息，并且具有随机处理的能力，允许快捷地查找录音作品的特定段落。

23.2.1 录音机的发展史

随着科技的不断发展，录音机作为音频记录和播放设备，在过去的几十年里经历了一场引人瞩目的变革。从最早的机械式设备到如今的数字化高科技产品，录音机的演变不仅见证了科技的进步，也改变了人们的生活方式和音乐文化。

1. 早期发展

早先的录音机叫作留声机，诞生于1877年。世界上发明留声机的人是托马斯·阿尔瓦·爱迪生。爱迪生根据电话传话器里的膜板随着说话声会引起震动的现象，拿短针做了试验，从中得到很大的启发。说话的快慢高低能使短针产生相应的不同震动。那么，反过来，这种震动也一定能发出原先的说话声音。于是，他开始研究声音重发的问题。

1877年8月15日，爱迪生让助手克瑞西按图样制出一台由大圆筒、曲柄、受话机和膜板组成的怪机器。爱迪生指着这台怪机器对助手说："这是一台会说话的机器"。他取出一张锡箔，卷在刻有螺旋槽纹的金属圆筒上，让针的一头轻擦着锡箔转动，另一头和受话机连接。爱迪生摇动曲柄，对着受话机唱起了"玛丽有只小羊羔，雪球儿似一身毛……"。唱完后，把针又放回原处，轻悠悠地再摇动曲柄。接着，机器不紧不慢、一圈又一圈地转动着，唱起了"玛丽有只小羊羔……"，与刚才爱迪生唱的一模一样。看到这么一架会说话的机器，在一旁的助手竟然惊讶得说不出话来。

"会说话的机器"诞生的消息，轰动了全世界。1877年12月，爱迪生公开表演了留声机，外界舆论马上把他誉为"科学界之拿破仑·波拿巴"。留声机成为19世纪最引人振奋的三大发明之一。1889年的巴黎世界博览会把它作为时新展品展出。

10年后，爱迪生又把留声机上的大圆筒和小曲柄改进成类似时钟发条的装置，由马达带动一个薄薄的蜡制大圆盘转动的式样，留声机从此广为普及。

　　虽然爱迪生发明了留声机，实现了录音。但是那时的录音机主要用机械原理实现声音的再现，录制的声音音量低，以致录音时要对着扬声器大声地喊话。为了改进这种录音方式，丹麦科学家包尔森利用电话传声的原理，开始尝试用磁性储存声音。包尔森用钢丝做实验，在磁力的作用下钢丝会变成磁铁，磁力消失后，在磁场中的钢丝仍然会保有磁性，这种保留下来的磁性，叫作剩磁。包尔森把一条长钢丝缠绕到一个卷轴上，钢丝通过一个电磁铁与另一个卷轴相连，录音传声器与电磁铁的线圈相连。这样，通电的电磁铁就把电话筒里的电磁信号变成磁场，在磁场中的钢丝受到磁化，产生随声音大小而强弱不同的剩磁，声音就被记录在钢丝上了。由于这种磁性录音要用质量很高的钢丝和钢带，而且笨重不便，影响了这种录音方式的普及。

　　在录音机广泛普及的过程中，起关键作用的是美国的无线电爱好者马文·卡姆拉斯。他在研究录音信号受损的问题时产生了这样一个念头：钢丝表层的磁性总是一样的，如果能在钢丝的表层均匀地录下声音，不就可以得到均匀的声音信号了吗？当时的录音机原理是用一根金属指针作记录针去接触钢丝表面，这样，只有在两者接触处的钢丝才被磁化，因此产生了录音不均衡的现象。卡姆拉斯想用一个磁头去改良它，即用一个完整的磁性圈作为磁头，把钢丝穿过磁性圈并使两者之间保持同等距离，然后利用钢丝周围的空气间隔进行录音。卡姆拉斯的重要改进在于在录音过程中利用空气间隙代替金属指针，避免了磁信号的破坏。

　　录音机的真正流行和实际应用还是在发明磁带以后。1935年，德国科学家福劳耶玛发明了代替钢丝的磁带。这种磁带是以纸带和塑料袋作为带基。带基上涂了一种叫作四氧化三铁的铁性粉末，并用化学胶体粘在一起。这种磁带不但重量非常轻，而且有韧性，便于剪切。随后，福劳耶玛又将铁粉涂在纸带上代替钢丝和钢带，并于1936年获得成功。纸带价格便宜，携带方便，被人们认同和接受。发明家卡姆拉斯也不甘落后。在第二次世界大战接近尾声时，卡姆拉斯发现了一种磁性颗粒，这种颗粒就是氧化铁粉。他把这种粉末混入亮漆或凡立水中，再涂在纸带和纸盘上。当涂料未干时，就将它放入磁场，在磁场的作用下，所有的颗粒就会按一定的方向排列起来。这就是现代磁带的雏形。

2. 录音机问世

丹麦有位年轻的电机工程师 Valdemar Poulsen，他利用磁性变化的原理，以钢琴线制造了一部"录话机"，1898 年获得专利，这就是 20 世纪 30 年代钢线录音机的前身。1900 年，巴黎的世界博览会中，Poulsen 展出了他的录话机，虽然早前就已经有著名歌唱家的录音圆筒出售，科学家仍对录话机大感兴趣，Franz Josef 皇帝还留下一段谈话，成为现存最早的磁性录音数据。圆盘留声机发明人 Emile Berliner 同一年到美国设厂生产机器，Poulsen 也想跟进，但资金不足，最后工厂落入商人 Charles Rood 手中。有生意头脑的 Rood 以录话机录制美国总统的谈话，又协助纽约警方侦破黑社会谋杀案，使得录话机声名大噪。德国海军通过丹麦买了几部录话机用在船舰上，第一次世界大战期间用录话机来记录摩斯密码，导致美国运兵船被德国击沉，战后 Rood 被以叛国罪起诉，他到九十几岁去世前仍在缠讼中。

德国人尝到甜头后，开始对磁性录音展开研究。1927 年，Fritz Pfleumer 成功地以粉状磁性物质涂布在纸带或胶带上进行录音，希望能取代当时的钢线录音机。当时英国 BBC 广播公司使用由录话机改良的巨型 Blattnerphone 钢带录音机。这种录音机可切断钢带重新焊接来进行剪辑，但焊接点总会有轰然巨响，操作时又怕焊点断裂而钢片横飞，德国人发展的磁带则安全又理想。1932 年，著名的 BASF 公司成功开发出可大量生产的录音带，BASF 公司与德国最大的电机制造商 AEG 合作，希望在 1934 年的柏林无线电展览中推出 Magnetophon 磁音机，BASF 公司先行制造了 50000m 的录音带，在塑料材料还未普遍运用前，这是个很惊人的成就。

3. 磁性录音

1936 年，英国指挥家毕勤爵士率领伦敦爱乐乐团访问德国，应 BASF 公司邀请，11 月 19 日在该公司 Ludwigshafen 的大礼堂中进行了一场演奏，曲目包括莫扎特《第 39 号交响曲》等，这是音乐史上第一次大型的磁性录音。

在大西洋彼岸，指挥家史托考夫斯基 1931 年的立体声实验录音，以及同年 RCA 公司示范的 $33\frac{1}{3}$ 转的长时间录音，还是直接将声音刻在蜡盘上。美国人也进行磁性录音研究，如 Marvin Camras 把交流偏压技术引进钢丝录音机，使其频宽与杂音都达到可收录音乐的水平。Brush 公司也发展出录音带，他们委请 3M 公司制造一种有光滑表面，厚度为 0.003 英寸的薄胶带，柔软防潮，在上面可涂布磁性铁粉。这些规格后来持续用了 30 年，不过 Brush 公司所设计的录音机 Soundmirror 没有形成气候。

第二次世界大战期间，德国广播电台已经开始大量运用磁带录音机播出重要军事将领的录音，美国人常搞不清楚为什么希特勒可以同时出现在好几个地方。直到第二次世界大战后，美国终于设计出第一台可供录音室使用的磁带录音机。不过在推销时却遭遇了一些困难，Mullin 想到可以请天王巨星平克劳斯贝所主持的广播节目试用此录音机。1947 年夏天，Ampex 公司提供的录音机派上用场，平克劳斯贝对于剪接方便的磁带录音机非常满意，于是预定从秋天起改用磁带录音机。不过工程人员心里害怕，把磁带的内容又在唱片上刻了一次，再以唱片播出，如此持续了半年多，没想到这居然成为后来音乐唱片制作的标准模式。

④. 匣式录音带的出现

Ampex 公司的录音机是使用录音带的全部宽度，单方向录一次，每次录完后要回卷，这样的方式称为全轨式（full track）。不久就出现了每次只用磁带一半宽度的半轨式录音机，录完后相反的方向可再录一次，可录音时长也增加了一倍。既然可以用双轨，就可以录两种不同的信号。1949 年，美国的 Magnecord 公司就开发出一种双轨式的立体声录音机，比第一张商用的立体声唱片足足早了近十年。有了立体声录音机之后，1952 年，纽约的 WQXR 电台开始立体声的 FM 广播；1954 年，Audiosphere 公司发行了第一卷商业性的立体声录音带，音响世界正式进入立体声时代，并间接推动了立体声唱片的发展。Ampex 公司则在磁带录音的基础上，于 1953 年成功开发出彩色录像机，并在此后 20 年间独霸市场。

从这时开始,磁带录音机进入"战国时代",也进入一般美国家庭。盘式录音机效果虽好,但要让一位老人把磁带东绕西拐地穿过许多滚轮,正确安装,只怕不太容易,后来克利夫兰一位发明家 George Eash 就把一个 5 英寸的盘带装到塑料盒中,再加上一些压轮与导杆,使它很容易就能使用,即使在颠簸的汽车中也不受影响,Eash 的这项发明就是匣式录音带。Eash 最初遭遇的困难是录音时间太短,只有 30 分钟,后来经过不断改良,才能录下一小时的音乐。1963 年,Earl Muntz 进一步改良 Eash 的设计,匣式录音机大量用于汽车、轮船之上。此外,Muntz 在匣式录音机中使用了四声轨的录音头,原本是要延长播放时间,后来却意外地成为四声道音响的优良存储设备,一直到 20 世纪 70 年代末期,称为 Fidelipac 的匣式录音机还有许多拥护者,形成一种特殊的音乐文化。

❺. 不幸的失败者

RCA 公司在 1958 年推出一种复杂的"革命性"盒带,大小像袖珍图书一样,可以多个叠放起来,如自动换片机一样自动换带。不过后来发现这些盒带常常不争气地卡在一起,而价格又比盘式带高出许多,可想而知,RCA 公司赔了一笔钱。1961 年,CBS 公司推出一种自动换带的装置,录音带尾端固定于卷盘,头端在播放时卷入机内,唱完后自动卷回盒内,体积非常小。但是这种设计的录音质量很差,声音三两下就消失不见了。制造喷射机的 Bill Lear 也看好录音机市场,他与福特汽车公司合作,直接把改良型八音路匣式录音机装到汽车上。由 RCA 公司提供音乐软件,由摩托罗拉公司负责制造,由福特汽车公司作为营销通路,航空大亨 Bill Lear 最后还是没有成功。20 世纪 70 年代,SONY 公司为了高音质的目的,推出体积约为卡带一倍大的超卡带录音机,其录音质量直追高级盘式机,因为其他厂商的抵制,加上买不到软件与空白带,超卡带又成为录音机史上的昙花一现。真正成功的产品是 Philips 北美分公司 Norelco 在 1964 年所推出的携带录音机,也就是现在所说的卡式录音机。当时盘式录音机的发展已臻成熟,销售量达到空前高峰,价格合理的电池式手提盘式机也问世了,照理说 Philips 北美分公司没什么机会。1965年，Ray Dolby博士发明了杂音抑制系统，替卡式带开创了一条生路。1966年，Norelco公司推出了家庭用的卡式录音座，Ampex公司随即推出商业用卡式音乐带，而日本的SONY、英国的KENWOOD等厂商快速加入，使得卡式录音机成长快速，势不可挡。

6. 卡式录音机的发展方向

卡式录音机往后发展就围绕在磁头的精密度与材质变化、录音带磁化物的改善，以及杂音抑制技术等方向了。例如，日本Akai公司所发展的玻璃磁头，以耐磨著称；Nakamichi公司开发的精密磁头，第一次达到普通带就有20Hz~20kHz的频宽。录音带以二氧化铬取代了常用的氧化铁，甚至有用钴、镍等作为感磁物的录音带。杂音抑制系统则从DolbyB、DolbyC进步到Dolby HX PRO，动态与频宽都很令人满意，欣赏最高级的卡式录音带，几乎有黑胶唱片的感受，这是数字录音机所欠缺的。

数字录音机以数字录音带（DAT）打头阵，它的工作原理与录像机差不多，都是以高速旋转的磁头在磁带上记录信号，它可以说是录音机发展80多年来最大的突破。无奈DAT效果太好了，即使加上防拷贝装置，所有的唱片商仍然害怕它会造成盗版音乐泛滥，因此极力抵制，最后使DAT只能留在录音室里为少数人服务。

7. 录音机的现在

进入现代，录音机虽然在各个行业中继续发挥着关键作用，但由于计算机技术的迅猛进步，其使用逐渐显得更加小众化。

当我们回顾录音机的历史，不难发现，技术的飞速进步和创新已经极大地改变了录音的方式和工具。几年前的MP3、MP4、MP5等多媒体设备以及传统的大哥大电话，都曾在一定程度上为音频记录带来了便利。然而，现代的智能手机和录音笔等新一代设备，已经将录音体验推向了一个全新水平。

（1）MP3、MP4、MP5及大哥大电话。在不久前的年代，MP3、MP4和MP5等多媒体设备成为流行的音频和视频播放工具。这些设备不仅可以播放音乐和视频，还可以录制短音频。而传统的大哥大电话也有录音功能，虽然功能简单，但在某种程度上满足了日常录音的需求。这些设备主要用于娱乐和个人使用，记录简短的音频片段或通话内容。

（2）智能手表。智能手表已经从传统的时间显示工具演变为功能强大的可穿戴设备。除了显示时间、通知和健康跟踪外，智能手表也开始集成音频记录功能。一些智能手表配备了传声器和扬声器，使用户可以在手腕上进行语音记录和播放。无论是在户外旅行还是在会议室内，用户只需通过智能手表就能轻松进行录音，省去了携带额外设备的烦恼。

（3）智能手机。随着智能手机的崛起，录音功能变得更加强大和多样化。现代智能手机不仅可以录制高质量的声音，还可以通过应用程序进行实时的音频处理和编辑。从会议记录到音乐演出，智能手机成为一个多功能的录音工具。而且，智能手机还可以与其他应用无缝连接，使得录音与文字、图片等更多元素结合，提供更丰富的信息记录和分享方式。

（4）录音笔。录音笔是一类专门用于音频记录的设备。与传统录音机相比，现代的录音笔通常更加轻巧、便携，同时具备更高的音频质量和更智能的功能。一些录音笔配备了噪声消除技术，可以在各种环境下获得更清晰的录音效果。它们被广泛用于会议、学习、采访等场景，提供高质量的音频记录解决方案。

综合而言，录音技术已经走向了更加智能化、多功能化的方向。从过去的 MP3、MP4、MP5、大哥大电话，到现在的智能手机和先进的录音笔，每一代录音工具都在不断突破创新，为人们提供更丰富、便捷、高质量的录音体验。这些工具的发展，反映了科技进步对于日常生活中声音记录的深刻影响，也为人们创造了更多与音频信息交流的机会。

23.2.2　录音机工作原理

录音时，声音使传声器中产生随声音而变化的感应电流，音频电流经放大电路放大后，进入录音磁头的线圈中，在磁头的缝隙处产生随音频电流变化的磁场。磁带紧贴着磁头缝隙移动，磁带上的磁粉层被磁化，在磁带上就记录下声音的磁信号。放音是录音的逆过程,放音时,磁带紧贴着放音磁头的缝隙通过,磁带上变化的磁场使放音磁头线圈产生感应电流,感应电流的变化与记录下的磁信号相同,因此,线圈中产生的是电流音频,这个电流经放大电路放大后,送到扬声器,扬声器把音频电流还原成声音。在录音机里,录、放两种功能是合用一个磁头完成的,录音时磁头与传声器相连,放音时磁头与扬声器相连。

任务 23.3　总结及评价

先分组进行总结,分别说出制作过程及体会,写出书面总结。再互相检查制作结果,集体给每位同学打分。

1. 任务完成大调查

任务完成后,还要进行总结和讨论,教学时可用表 16-1 所示的打分表进行评价。

2. 行为考核指标

行为考核指标,主要采用批评与自我批评、自育与互育相结合的方法。采用自我考核和小组考核后班级评定的方法。班级每周进行一次民主生活会,就行为指标进行评议,教学时可用表 16-2 所示的评分表来进行评分。

3. 集体讨论题

上网搜索录音机知识,并进行思维导图式讨论。

4. 思考与练习

(1)掌握录音机的基本使用方法,研究其规律。

(2)了解录音机工作原理。

项目 24　太阳能电灯

　　太阳能（solar energy）是一种可再生能源，是指太阳的热辐射能，主要表现就是常说的太阳光线。在现代一般用来发电或者为热水器提供能源。本项目通过对太阳能电池的认识和电路制作实验，全面了解太阳能电池。

任务 24.1　太阳能电灯制作

光伏板组件是一种暴露在阳光下便会产生直流电的发电装置，几乎全部由半导体物料（如硅）制成的固体光伏电池组成。简单的光伏电池可为手表以及计算机提供能源，较复杂的光伏系统可为房屋提供照明以及为交通信号灯和监控系统并入电网供电。光伏板组件可以制成不同形状，而组件又可连接，以产生更多电能。

24.1.1　太阳能电灯积木拼装

太阳能电灯电路如图 24-1 所示，由太阳能电池（器件编号为 62）、6V 灯泡（器件编号为 27）、拨动开关（器件编号为 15）等组成。由于太阳能电灯的工作特点是不需要长期待机，因此本电路设电源开关，长期不用时，断开开关。

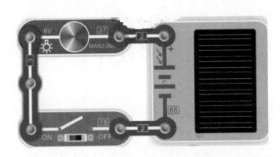

图 24-1　太阳能电灯积木拼装图

将太阳能电池放在太阳光下（或是 100W 以上的白炽灯下），合上开关，电灯点亮，将开关换成光敏电阻，该装置就变成了光控电灯。

24.1.2　太阳能电灯电路图制作

打开 EDA 软件，进入工程设计总界面，单击"新建工程"按钮，按提示新建工程，命名为 24 并保存新工程。进入制作原理图窗口，开始制作原理图。

1. 放置器件

在原理图设计界面左边的竖立工具页标签中选择"常用库"页标签，所有常用元器件出现在左边的窗口中，在窗口中选中常用元件，放置在界面中，可分别放置 LED1、SW1、太阳能电池、GND 等器件。放置器件后连接导线，完成原理图制作，如图 24-2 所示。

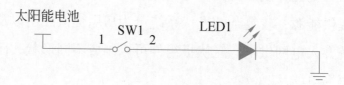

图 24-2　太阳能电灯电路图

"太阳能电池"通过先放 +5V 电源符号，再修改 +5V 文字，此时出现不能修改问题，通过先删除 +5V，符号上空白，再通过放"太阳能电池"文字，来完成符号放置。

2. 保存文件

原理图制作完成后，选择"文件"→"保存"命令，这样就保存好了文件，在原来 123 文件夹中，可看到取名为 24 的文件。经过以上绘制后，一个太阳能电灯电路图设计完成，该电路的功能是模拟太阳能路灯。

任务 24.2　太阳能知识

自地球上生命诞生以来，就主要以太阳提供的热辐射能生存，而自古人类也懂得以阳光晒干物件，并作为制作食物的方法，如制盐和晒咸鱼等。在化石燃料日趋减少的情况下，太阳能已成为人类使用能源的重要组成部分，并不断得到发展。太阳能的利用有光热转换和光电转换两种方式，太阳能发电是一种新兴的可再生能源。广义上的太阳能包括地球上的风能、化学能、水能等。

24.2.1 太阳能发展史

据记载，人类利用太阳能已有 3000 多年的历史。将太阳能作为一种能源和动力加以利用，只有 300 多年的历史。真正将太阳能作为"近期急需的补充能源"和"未来能源结构的基础"，则是近几十年的事。20 世纪 70 年代以来，太阳能科技突飞猛进，太阳能利用日新月异。近代太阳能利用历史可以从 1615 年法国工程师所罗门·德·考克斯在世界上发明第一台太阳能驱动的发动机算起。该发明是一台利用太阳能加热空气使其膨胀做功而抽水的机器。

在 1615—1900 年，世界上又研制成多台太阳能动力装置和一些其他太阳能装置。这些动力装置几乎全部采用聚光方式采集阳光，发动机功率不大，工质主要是水蒸气，价格昂贵，实用价值不大，大部分为太阳能爱好者个人研究制造。20 世纪的 100 年间，太阳能科技发展历史大体可分为如下 8 个阶段。

第一阶段（1900—1920 年），世界上太阳能研究的重点仍是太阳能动力装置，但采用的聚光方式多样化，且开始采用平板集热器和低沸点工质，装置逐渐扩大，最大输出功率达 73.64kW，实用目的比较明确，造价仍然很高。建造的典型装置如下。1901 年，在美国加州建成一台太阳能抽水装置，采用截头圆锥聚光器，功率为 7.36kW；1902—1908 年，在美国建造了 5 套双循环太阳能发动机，采用平板集热器和低沸点工质；1913 年，在埃及开罗以南建成一台由 5 个抛物槽镜组成的太阳能水泵，每个长 62.5m，宽 4m，总采光面积达 1250m^2。

第二阶段（1920—1945 年），在这 20 多年中，太阳能研究工作处于低潮，参加研究工作的人数和研究项目大为减少，其原因与矿物燃料的大量开发利用和发生第二次世界大战（1935—1945 年）有关，而太阳能又不能解决当时对能源的急需，因此使太阳能研究工作逐渐受到冷落。

第三阶段（1945—1965 年），在第二次世界大战结束后的 20 年中，一些有远见的人已经注意到石油和天然气资源正在迅速减少,呼吁人们重视这一问题,从而逐渐推动了太阳能研究工作的恢复和开展,并且成立太阳能学术组织,举办学术交流和展览会,再次兴起太阳能研究热潮。在这一阶段,太阳能研究工作取得一些重大进展,比较突出的有:1953—1954 年,美国贝尔实验室研制成实用型硅太阳能电池,为光伏发电大规模应用奠定了基础;1955 年,以色列的泰伯等在第一次国际太阳热科学会议上提出选择性涂层的基础理论,并研制成实用的黑镍等选择性涂层,为高效集热器的发展创造了条件。

此外,在这一阶段还有其他一些重要成果。1952 年,法国国家研究中心在比利牛斯山东部建成一座功率为 50kW 的太阳炉。1960 年,在美国佛罗里达州建成世界上第一套用平板集热器供热的氨—水吸收式空调系统,制冷能力为 5 冷吨。1961 年,一台带有石英窗的斯特林发动机问世。在这一阶段里,加强了太阳能基础理论和基础材料的研究,取得了如太阳选择性涂层和硅太阳能电池等技术上的重大突破。平板集热器有了很大的发展,技术上逐渐成熟。太阳能吸收式空调的研究取得进展,建成一批实验性太阳房。对难度较大的斯特林发动机和塔式太阳能热发电技术进行了初步研究。

第四阶段(1965—1973 年),这一阶段,太阳能的研究工作停滞不前,主要原因是太阳能利用技术处于成长阶段,尚不成熟,并且投资大,效果不理想,难以与常规能源竞争,因而得不到公众、企业和政府的重视和支持。

第五阶段(1973—1980 年),自从石油在世界能源结构中担当主角之后,石油就成了左右经济和决定一个国家生死存亡、发展和衰退的关键因素。1973 年 10 月中东战争爆发,石油输出国组织采取石油减产、提价等办法,支持中东人民的斗争,维护该国的利益。其结果是使那些依靠从中东地区大量进口廉价石油的国家,在经济上遭到沉重打击。于是,西方一些人惊呼,世界发生了"能源危机"(或称为"石油危机")。这次"危机"在客观上使人们认识到现有的能源结构必须彻底改变,应加速向未来能源结构过渡。从而使许多国家,尤其是工业发达国家,重新加强了对太阳能及其他可再生能源技术发展的支持,在世界上再次兴起了开发利用太阳能热潮。1973 年,美国制定了政府级阳光发电计划，太阳能研究经费大幅度增长，并且成立太阳能开发银行，促进太阳能产品的商业化。日本在1974年公布了政府制定的"阳光计划"，其中太阳能的研究开发项目有太阳房、工业太阳能系统、太阳热发电、太阳能电池生产系统、分散型和大型光伏发电系统等。为实施这一计划，日本政府投入了大量人力、物力和财力。

20世纪70年代初世界上出现的开发利用太阳能热潮，对中国也产生了巨大影响。一些有远见的科技人员，纷纷投身太阳能事业，积极向政府有关部门提建议，出书办刊，介绍国际上太阳能利用动态；在农村推广应用太阳灶，在城市研制开发太阳能热水器，空间用的太阳电池开始在地面应用……1975年，在河南安阳召开了"全国第一次太阳能利用工作经验交流大会"，进一步推动了中国太阳能事业的发展。这次会议之后，太阳能研究和推广工作纳入了中国政府计划，获得了专项经费和物资支持。一些大学和科研院所，纷纷设立太阳能课题组和研究室，有的地方开始筹建太阳能研究所。当时，中国也兴起了开发利用太阳能的热潮。这一时期，太阳能开发利用工作处于前所未有的大发展时期，具有以下特点。

（1）各国加强了太阳能研究工作的计划性，不少国家制订了近期和远期阳光计划。开发利用太阳能成为政府行为，支持力度大大加强。国际合作十分活跃，一些第三世界国家开始积极参与太阳能开发利用工作。

（2）研究领域不断扩大，研究工作日益深入，取得一批较大成果，如CPC、真空集热管、非晶硅太阳电池、光解水制氢、太阳能热发电等。

（3）各国制订的太阳能发展计划，普遍存在要求过高、过急问题，对实施过程中的困难估计不足，如希望在较短的时间内取代矿物能源，实现大规模利用太阳能。美国曾计划在1985年建造一座小型太阳能示范卫星电站，1995年建成一座500万kW空间太阳能电站。事实上，这一计划后来进行了调整，至今空间太阳能电站还未升空。

（4）太阳能热水器、太阳能电池等产品开始实现商业化，太阳能产业初步建立，但规模较小，经济效益尚不理想。这主要受制于技术运用及科研水平。

第六阶段（1980—1992年），20世纪70年代兴起的开发利用太阳能热潮，进入80年代后不久开始衰落，逐渐进入低谷。世界上许多国家相继大幅度削减太阳能研究经费，其中美国最为突出。导致这种现象的主要原因如下。世界石油价格大幅回落，而太阳能产品价格居高不下，缺乏竞争力；太阳能技术没有重大突破，提高效率和降低成本的目标没有实现，以致动摇了一些人开发利用太阳能的信心；核电发展较快，对太阳能的发展起到了一定的抑制作用。受20世纪80年代国际上太阳能低落的影响，中国太阳能研究工作也受到一定程度的削弱，有人甚至提出：太阳能利用投资大、效果差、储能难、占地广，认为太阳能是未来能源，主张外国研究成功后再引进技术。虽然，持这种观点的人是少数，但十分有害，对中国太阳能事业的发展造成不良影响。这一阶段，虽然太阳能开发研究经费大幅度削减，但研究工作并未中断，有的项目还进展较大，而且促使人们认真地去审视以往的计划和制定的目标，调整研究工作重点，争取以较少的投入取得较大的成果。

第七阶段（1992年至今），由于大量燃烧矿物能源，造成了全球性的环境污染和生态破坏，对人类的生存和发展构成威胁。在这种背景下，1992年，联合国在巴西召开"世界环境与发展大会"，会议通过了《里约热内卢环境与发展宣言》、《21世纪议程》和《联合国气候变化框架公约》等一系列重要文件，把环境与发展纳入统一的框架，确立了可持续发展的模式。这次会议之后，世界各国加强了清洁能源技术的开发，将利用太阳能与环境保护结合在一起，使太阳能利用工作走出低谷，逐渐得到加强。此次大会之后，中国政府对环境与发展十分重视，提出10条对策和措施，明确要"因地制宜地开发和推广太阳能、风能、地热能、潮汐能、生物质能等清洁能源"，制定了《中国21世纪议程》，进一步明确了太阳能重点发展项目。

1995年，国家计划委员会办公厅、国家科学技术委员会办公厅和国家经济贸易委员会办公厅委发布了《新能源和可再生能源发展纲要》，明确提出中国在1996—2010年新能源和可再生能源的发展目标、任务以及相应的对策和措施。这些文件的制定和实施，对进一步推动中国太阳能事业发挥了重要作用。1996年，联合国在津巴布韦召开"世界太阳能高峰会议"，会后发表了《哈拉雷太阳能与持续发展宣言》，会上讨论了《世界太阳能 10 年行动计划》(1996—2005 年)、《国际太阳能公约》、《世界太阳能战略规划》等重要文件。这次会议进一步表明了联合国和世界各国对开发太阳能的坚定决心，要求全球共同行动，广泛利用太阳能。

1992 年以后，世界太阳能利用又进入一个发展期，其特点是太阳能利用与世界可持续发展和环境保护紧密结合，全球共同行动，为实现世界太阳能发展战略而努力；太阳能发展目标明确，重点突出，措施得力，有利于克服以往忽冷忽热、过热过急的弊端，保证太阳能事业的长期发展；在加大太阳能研究开发力度的同时，注意科技成果转化为生产力，发展太阳能产业，加速商业化进程，扩大太阳能利用领域和规模，经济效益逐渐提高；国际太阳能领域的合作空前活跃，规模扩大，效果明显。通过以上回顾可知，在 20 世纪 100 年间太阳能发展道路并不平坦，一般每次高潮期后都会出现低潮期，处于低潮的时间大约有 45 年。太阳能利用的发展历程与煤、石油、核能完全不同，人们对其认识差别大，反复多，发展时间长。这一方面说明太阳能开发难度大，短时间内很难实现大规模利用；另一方面也说明太阳能利用还受矿物能源供应，政治和战争等因素的影响，发展道路比较曲折。尽管如此，从总体来看，20 世纪取得的太阳能科技进步仍比以往任何一个世纪都快。太阳能如今是人们生活中不可缺少的一部分。

第八阶段。全世界光伏板并网，储能难的问题得到改善。未来尽可能地用洁净能源代替高含碳量的矿物能源，是能源建设应该遵循的原则。大力开发新能源和可再生能源的利用技术将成为减少环境污染的重要措施。能源问题是世界性的，向新能源方向发展是大势所趋。人类直接利用太阳能主要有太阳能集热、太阳能热水系统、太阳能暖房、太阳能发电、太阳能无线监控等方式。

24.2.2　太阳能电池工作原理

太阳光照在半导体 P-N 结上，形成新的空穴-电子对，在 P-N 结电场的作用下，空穴由 N 区流向 P 区，电子由 P 区流向 N 区，接通电路后就形成电流。这就是光电效应太阳能电池的工作原理。

对晶体硅太阳能电池来说,开路电压的典型数值为 0.5~0.6V。经由光照在界面层产生的电子-空穴对越多,电流越大。界面层接纳的光能越多,界面层即电池面积越大,在太阳能电池中形成的电流也越大。

太阳能发电方式有两种,一种是光—热—电转换方式,另一种是光—电直接转换方式。

(1)光—热—电转换方式通过利用太阳辐射产生的热能发电,一般是由太阳能集热器将所吸收的热能转换成工质的蒸汽,再驱动汽轮机发电。前一个过程是光—热转换过程;后一个过程是热—动再转换成电的最终转换过程,与普通的火力发电一样,太阳能热发电的缺点是效率很低而成本很高,估计它的投资至少要比普通火电站贵 5~10 倍。

(2)光—电直接转换方式是利用光电效应,将太阳辐射能直接转换成电能,光—电转换的基本装置就是太阳能电池。太阳能电池是一种由于光生伏特效应而将太阳光能直接转化为电能的器件,是一个半导体光电二极管,当太阳光照到光电二极管上时,光电二极管就会把太阳的光能变成电能,产生电流。当许多个电池串联或并联起来就可以成为有比较大的输出功率的太阳能电池方阵了。太阳能电池是一种大有前途的新型电源,具有永久性、清洁性和灵活性三大优点。太阳能电池寿命长,只要太阳存在,太阳能电池就可以一次投资而长期使用;与火力发电相比,太阳能电池不会引起环境污染。

任务 24.3 总结及评价

先分组进行总结,分别讲述制作过程及体会,写出书面总结。再互相检查制作结果,集体给每位同学打分。

1. 任务完成大调查

任务完成后,还要进行总结和讨论,教学时可用表 16-1 所示的打分表进行评价。

2. 行为考核指标

行为考核指标，主要采用批评与自我批评、自育与互育相结合的方法。采用自我考核和小组考核后班级评定的方法。班级每周进行一次民主生活会，就行为指标进行评议，教学时可用表 16-2 所示的评分表来进行评分。

3. 集体讨论题

上网搜索光伏产业相关知识，并进行思维导图式讨论。

4. 思考与练习

（1）复习电子 EDA 的基本使用方法。

（2）了解光伏发电的体系结构。

项目 25　收 录 机

早期收录机主要为单卡式磁带机,现在都是数字收录机,收录机可以作为儿童学习英语的工具,还可以作为老人晨练的最佳播放设备。收录机有收音机功能,可以多阶段调波,更可以作为休闲时听音乐的好工具。本项目通过对收录机的认识和电路制作实验,全面了解收录机。

项目 25　收 录 机

任务 25.1　收录机制作

　　收录机电路由收音机集成电路 IC1（器件编号为 55）、录音机集成电路 IC2（器件编号为 62）、功放集成块 IC3（器件编号为 29）、干簧管（器件编号为 13）、电容器（器件编号为 41）、扬声器 BL（器件编号为 20）、红色发光二极管（器件编号为 17）、10kΩ 电阻器（器件编号为 33）、传声器（器件编号为 28）、电键（器件编号为 14）和拨动开关（器件编号为 15）等组成。当合上拨动开关时，收音机集成电路 IC1 被触发，其产生的收音机信号经晶体管 VT 放大后，驱动扬声器 BL 发出悦耳的收音机声。电源采用 4 节 5 号电池。由于收录机的工作特点是不需要长期待机，因此本电路设电源开关，长期不用时，关掉电源即可。

25.1.1　收录机积木拼装

　　按图 25-1 拼装好积木后，连接好电路，合上电源开关，然后用手指按压选台按钮 T 进行选台，即可收到电台节目，在收听节目过程中如需要录

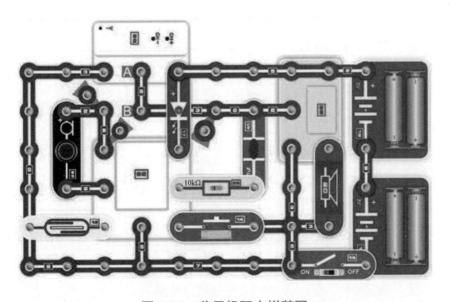

图 25-1　收录机积木拼装图

下节目中的某句话或某个片段,只需按下电键,扬声器发出嘀声表示录音开始,大约 6 秒后,发出嘀嘀声表示录音结束。放音时,先取下 AB 之间的导线,然后用磁铁吸合一下干簧管,扬声器发出录好的声音。在使用过程中,也可直接取下 AB 间的线,使之不收听电台节目,则此电路就变成了一台录音机,用来录外界声音。

25.1.2 收录机电路图制作

打开 EDA 软件,进入工程设计总界面,单击"新建工程"按钮,按提示新建工程,命名为 25 并保存新工程。进入制作原理图窗口,开始制作原理图。

1. 放置器件

在原理图设计界面左边的竖立工具页标签中选择"常用库"标签,所有常用元器件出现在左边的窗口中,在窗口中选中常用器件。可分别放置发光二极管 LED1、收音机 IC1、录音机 IC2、功放 IC3、传声器 MIC1、扬声器 SPK2、干簧管 GHG、按键 AJ1、开关 SW1、电阻 R1 等器件。放置器件后连接导线,完成原理图制作,如图 25-2 所示。

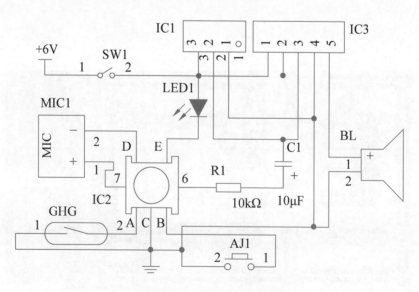

图 25-2 收录机电路图

项目 25 收录机

. 保存文件

原理图制作完成后,选择"文件"→"保存"命令,这样就保存好了文件,在原来 123 文件夹中,可看到取名为 25 的文件。

经过以上绘制后,一个收录机电路图设计完成,该电路的功能是收音和录音。

任务 25.2 收录机知识

. 收音机

收音机就是把从天线接收到的高频信号经检波(解调)还原成音频信号,送到扬声器变成音波。由于科技进步,天空中有了很多不同频率的无线电波。如果把这许多电波全都接收下来,音频信号就会像处于闹市之中一样,许多声音混杂在一起,结果什么也听不清了。为了设法选择所需要的节目,在接收信号后,有一个选择性电路,它的作用是把所需的信号(电台)挑选出来,并把不要的信号"滤掉",以免产生干扰,这就是我们收听广播时,所使用的"选台"按钮。选择性电路的输出是选出某个电台的高频调幅信号,利用它直接推动扬声器是不行的,还必须把它恢复成原来的音频信号,这种还原电路称为解调,把解调的音频信号送到扬声器,就可以收到广播。

最简单的收音机称为直接检波机,但从接收天线得到的高频无线电信号一般非常微弱,直接把它送到检波器不太合适,最好在选择电路和检波器之间插入一个高频放大器,把高频信号放大。即使已经增加高频放大器,检波输出的功率通常也只有几毫瓦,用耳机听还可以,但要用功放设备听声音就较小,因此在检波输出后增加音频放大器来推动扬声器。高放式收音机比直接检波式收音机灵敏度高、功率大,但是选择性较差,调谐也比较复杂。把从天线接收到的高频信号放大几百甚至几万倍,一般要有几级的高频放大,每一级电路都有一个谐振回路,当被接收的频率改变时,谐振电路都要重新调整,而且每次调整后的选择性和通带很难保证完全一样,为了克服这些缺点，收音机几乎都采用超外差式电路。超外差的特点是，被选择的高频信号的载波频率，变为较低的固定不变的中频率（465kHz），再利用中频放大器放大，满足检波的要求，然后才进行检波。在超外差接收机中，为了产生变频作用，还要有一个外加的正弦信号，这个信号通常叫作外差信号。产生外差信号的电路，习惯叫作本地振荡。在收音机本振频率和被接收信号的频率相差一个中频，因此在混频器之前的选择电路，和本振采用统一调谐线，如用同轴的双联电容器（PVC）进行调谐，使之差保持固定的中频数值。由于中频固定，且频率比高频已调信号低，中放的增益可以做得较大，工作也比较稳定，通频带特性也可做得比较理想，这样可以使检波器获得足够大的信号，从而使整机输出音质较好的音频信号。

2. 收录机发展历史

1975 年，收录机产品在国内刚刚问世，青岛微电机厂即组织工程技术人员开始试制单卡盒式录音机，1977 年试制出 1 台样机。但因工艺和技术上存在着不少问题，未能投入生产。

1981 年，青岛微电机厂试制出樱花牌 LST-1 型台式收录机，当年生产了 605 台。青岛微电机厂被中华人民共和国第四机械工业部确定为录音机电机重点生产厂家。为集中力量投入录音机电机的生产，1982 年，樱花牌收录机在继续生产了 2001 台后停产。

1982 年 4 月，青岛无线电三厂从广东省韶关市无线电二厂购进 2000 台总统牌 RC232 型四喇叭立体声收录机进口散件组装成机。8 月，青岛无线电二厂参照上海美多牌收录机机型，使用北京录音机厂生产的机芯，自行设计制造底盘，试制出青岛牌塑木结合的 3TS10 型台式收录机，当年生产了 90 台。12 月，青岛无线电厂研制成功第一台海燕牌 2TSL-1 型收录机，翌年，投入批量生产。

1983 年，青岛无线电二厂建成日班产 150 台收录机的生产线。同时，又试制出青岛牌 3TS11 型收录机，并投入生产。该厂年产量从 1982 年的 90 台上升到 7716 台，出现了产销两旺的好势头。10 月，青岛无线电厂设计完成便携式收录机，定型为海歌牌 SL-575，并投入批量生产。与此同时，中华人民共和国电子工业部批准青岛无线电厂为收录机生产定点厂。

1984年7月，青岛无线电厂与香港联发行事物发展有限公司签订了购买20000台SDC-898型收录机散件的合同和由该公司无偿赠送两条年班产150000~200000台收录机生产线的协议书。12月，生产线安装完毕并开始试生产。年底，组装300台。同年，青岛无线电二厂生产的青岛牌3TS10和3TS11两种型号的录音机产量总计达8436台。年底，该厂生产的3TS10型收录机在累计生产了8178台之后停产。

1985年2月，青岛无线电二厂与上海格林无线电厂签订协议书，为其组装星浪牌8585型收录机，当年组装13782台。3月，3TS11型收录机在连续生产3年，累计生产9925台后停止生产。9月，该厂还与上海申立技术设计服务所签订了从该所购买收录机技术资料的协议书。利用这些资料和几年来生产收录机的经验，先后研制成功扬帆牌GF-690和9696两种型号的全塑便携式调频调幅双声道收录机样机。同年，青岛无线电厂生产的海燕牌2TSL-1型收录机，在累计生产了8375台之后，停止了生产。

1986年，青岛无线电厂分别组装了RC2030、RC1616两种型号收录机12500台和1572台。同年，青岛无线电二厂试生产了696和9696两种型号的收录机，当年分别生产了15台和388台。

截至1986年，青岛市累计生产和组装了收录机93173台（其中，微电机厂生产3606台，无线电厂生产组装51010台，无线电二厂生产组装36557台，无线电三厂组装2000台）。

任务25.3　总结及评价

先分组进行总结，分别说出制作过程及体会，写出书面总结。再互相检查制作结果，集体给每一位同学打分。

. 任务完成大调查

任务完成后，还要进行总结和讨论，教学时可用表16-1所示的打分表进行评价。

2. 行为考核指标

行为考核指标，主要采用批评与自我批评、自育与互育相结合的方法。采用自我考核和小组考核后班级评定的方法。班级每周进行一次民主生活会，就行为指标进行评议，教学时可用表 16-2 所示的评分表来进行评分。

3. 集体讨论题

上网搜索收录机资料，并进行思维导图式讨论。

4. 思考与练习

（1）掌握收录机的基本使用方法，研究其规律。

（2）了解收录机种类及其发展。

项目 26　风力发电机

　　风力发电是指把风的动能转换为电能。风能是一种清洁无公害的可再生能源，很早就被人们利用，主要是通过风车来抽水、磨面等，人们感兴趣的是如何利用风来发电。利用风力发电非常环保，且风能蕴量巨大，因此日益受到世界各国的重视。截至 2023 年 6 月底，中国风电装机容量约 3.9 亿千瓦，同比增长 13.7%。本项目通过对风力发电机的认识和电路制作实验，全面了解风力发电机。

任务 26.1　风力发电模拟机制作

风是没有公害的能源之一，而且取之不尽，用之不竭。对于缺水、缺燃料和交通不便的沿海岛屿、草原牧区、山区和高原地带，因地制宜地利用风力发电，非常适合，大有可为。海上风电是可再生能源发展的重要领域，是推动风电技术进步和产业升级的重要力量，是促进能源结构调整的重要措施。我国海上风能资源丰富，加快海上风电项目建设，对于促进沿海地区治理大气雾霾、调整能源结构和转变经济发展方式具有重要意义。

26.1.1　风力发电模拟机积木拼装

风力发电模拟机积木拼装如图 26-1 所示，由风力发电模拟机（器件编号为 121）、红色发光二极管（器件编号为 17）、拨动开关（器件编号为 15）等组成。由于风力发电模拟机的工作特点是不需要长期待机，因此本电路设电源开关，长期不用时，断开开关。

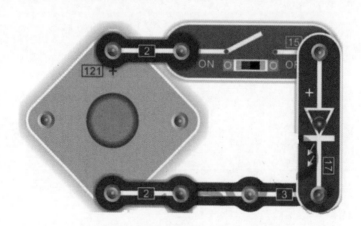

图 26-1　风力发电模拟机积木拼装

图 26-1 是风力发电机点亮发光二极管电路，合上开关，用手指逆时针方向快速拨动风叶，发光二极管就会点亮。将风力发电机的风叶对准逆风的方向，让风吹动发电机的风叶快速转动，发光二极管就会一直发亮。

26.1.2 风力发电模拟机电路原理图制作

打开 EDA 软件，进入工程设计总界面，单击"新建工程"按钮，按提示新建工程，命名为 26 并保存新工程。进入制作原理图窗口，开始制作原理图。

1. 放置器件

在原理图设计界面左边的竖立工具页标签中选择"常用库"标签，所有常用元器件出现在左边的窗口中，在窗口中选中常用器件，可分别放置发光二极管 LED1、电机 MOT1、开关 SW1 等器件。放置器件后连接导线，完成电路原理图制作，如图 26-2 所示。

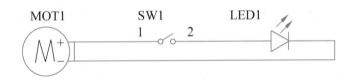

图 26-2　风力发电电路原理图

2. 保存文件

选择"文件"→"另存为"→"工程另存为"命令，弹出文件保存窗口，在窗口中选择存储路径，如 D: 盘或桌面。在窗口中右击，在下拉菜单中，建立新文件夹，取名为 123，再打开 123 文件夹，命名为 26 并保存即可。

经过以上绘制后，一个风力发电电路原理图设计完成，如图 26-2 所示。该电路的功能是通过风力发电来点亮指示灯。当合上开关 SW1 时，有风吹来，风叶转动发电，此时指示灯亮；无风时，指示灯不亮。

任务 26.2　风力发电机知识

风力发电机是将风能转换为机械能，机械能带动转子旋转，最终输出交流电的电力设备。风力发电机一般由风轮、发电机（包括装置）、调向器（尾翼）、塔架、限速安全机构和储能装置等构件组成。

风力发电机的工作原理比较简单，风轮在风力的作用下旋转，它把风的动能转换为风轮轴的机械能,发电机在风轮轴的带动下旋转发电。广义地说，风能也是太阳能，因此也可以说风力发电机，是一种以太阳为热源，以大气为工作介质的热能利用发电机。

26.2.1 风力发电发展史

1. 风力发电历史

2006年，中国共有风电机组6469台，其中兆瓦级机组占21.2%，2007年，这个比例跃升为38.1%，提高了16.9个百分点。2007年，全球风力发电的累计装机容量已达9.41万兆瓦，比上一年的7.42万兆瓦增加27%。2007年，中国风电装机为605万千瓦，提前3年实现2010年的规划目标；2001—2007年的6年间，中国风电装机容量增长了14倍；仅2007年一年，中国风电装机就增加344.9万千瓦，比中国风电有史以来的累积总量还多。2023年中国风电装机容量约为4.4亿千瓦，随着风电产业的高速发展，风电设备供不应求。

近年来，新兴市场的风电发展迅速。在国家政策支持和能源供应紧张的背景下，中国的风电特别是风电设备制造业迅速崛起，已经成为全球风电最为活跃的场所。2006年全球风电资金中的9%投向了中国，总额达16.2亿欧元（约162.7亿元人民币）。2007年，中国风电装机容量已排名世界第五。

中国巨大的风电市场以及廉价的劳动力成本，吸引了大量国外风电巨头纷纷来设厂，或采取与国内企业合资的方式，生产的产品都被贴上了中国制造的标签。中国制造的风电设备产品占据越来越大的市场份额，风机产品正在经历一个由全球制造向中国制造的转变。

由于风电属于新能源范畴，无论是成本还是技术，同传统的火电、水电相比还有较大的差距，因而风电的快速发展需要国家政策的大力扶持。纵观风电发展迅速的国家，如德国、西班牙、印度，无一例外地都给予风电产业巨大的政策优惠。中国对风电的政策支持由来已久，力度也越来越大，政策支持的对象也由过去的注重发电转向了注重扶持国内风电设备制造。国家的政策支持是风电设备制造业迅猛发展的根本保障，而且随着中国国产风机设备的自主制造能力不断加强，国家的政策支持力度越来越大，风电设备制造业迎来难得的历史发展机遇。

中国正逢风电发展的大好时机，风电设备市场需求增加。另外，除风电设备整机需求不断增加之外，叶片、齿轮箱、大型轴承、电控等风电设备零部件的供给能力仍不能完全满足需求，市场增长潜力巨大。因此，中国风电设备制造业景气持续。

2015年11月，我国海上最大风力发电机在福建莆田平海湾安装成功。该风机采用湘电XE128-5000机型，单机容量5MW，转轮直径128m，轮毂中心高度达81m，属于福建莆田平海湾50MW海上风电项目。

2020年10月27日，在距离长江口南支航道0.7海里的风机塔上，东海航海保障中心上海航标处顺利完成临港海上风电场AIS（船舶自动识别系统）基站的新建工作，中国首个海上风机塔AIS基站宣告建成。

2021年2月23日，我国自主研制的全球首台12MW海上半直驱永磁同步风力发电机在中车株洲电机公司下线，作为目前全球最大功率的半直驱风力发电机，该产品装机后年发电量将达58GW·h，可满足14.5万个普通家庭全年用电需求，每年减排超过27550t二氧化碳（相当于18000辆轿车的排放量）。12MW海上半直驱永磁同步风力发电机作为我国对外出口的最大功率风力发电机，后续将批量出口至欧洲市场，对推动我国海上风力发电装备发展具有重要意义。

2021年3月29日，具有完全自主知识产权、国内首台陆上5.5MW永磁直驱风力发电机在东方电机山东风电电机制造基地下线，标志着目前国内陆上最大的永磁直驱风力发电机研制成功。

2. 风力发电展望

通常人们认为，风力发电的功率完全由风力发电机的功率决定，总想选购功率大一点的风力发电机,而这是不正确的。目前的风力发电机只是给电瓶充电,而由电瓶把电能储存起来,人们最终使用电功率的大小与电瓶大小有更密切的关系。功率的大小更主要取决于风量的大小,而不仅是机头功率的大小。在内地,小的风力发电机会比大的更合适。因为它更容易被小风量带动而发电,持续不断的小风,会比一时狂风更能供给较大的能量。当无风时人们还可以正常使用风力带来的电能,也就是说一台 200W 风力发电机可以通过大电瓶与逆变器的配合使用,获得 500W 甚至 1000W 乃至更大的功率。

使用风力发电机,就是源源不断地把风能转换成普通家庭使用的标准市电,其节约的程度是明显的,一个家庭一年的用电只需 20 元电瓶液的代价。而现在的风力发电机比几年前的性能有很大改进,以前只是在少数边远地区使用,风力发电机接一个 15W 的灯泡直接用电,忽明忽暗并会经常损坏灯泡。而现在由于技术进步,采用先进的充电器、逆变器,风力发电成为有一定科技含量的小系统,并能在一定条件下代替正常的市电。山区可以借此系统做一个常年不花钱的路灯;高速公路可用它做夜晚的路标灯;山区的孩子可以在日光灯下晚自习;城市小高层楼顶也可用风力电机,这不但节约而且是真正的绿色电源。家庭用风力发电机,不但可以防止停电,而且还能增加生活情趣。在旅游景区、边防、学校、部队乃至落后的山区,风力发电机正在成为人们的采购热点。

26.2.2 风力发电机工作原理

风力发电机是将风能转换为机械能,机械能转换为电能的电力设备。广义地说,它是一种以太阳为热源,以大气为工作介质的热能利用发动机。风力发电利用的是自然能源。相对柴油发电要好得多。但若是来用应急的话,还是不如柴油发电机。虽然不可将风力发电视为备用电源,但是可以长期利用。

1. 风力发电原理

风力发电的原理,是利用风力带动风车叶片旋转,再通过增速机将旋转的速度提升，来促使发电机发电。依据目前的风力发电机技术，大约是3m/s的微风速度，便可以开始发电。

风力发电正在世界上形成一股热潮，因为风力发电没有燃料问题，也不会产生辐射或空气污染。

风力发电在芬兰、丹麦等国家很流行；我国也在西部地区大力提倡。小型风力发电系统效率很高，但它不是只由一个发电机头组成的，而是一个有一定科技含量的小系统：风力发电机＋充电器＋数字逆变器。风力发电机由机头、转体、尾翼、叶片组成。每一部分都很重要，各部分功能如下。叶片用来接收风力并通过机头转为电能；尾翼使叶片始终对着来风的方向从而获得最大的风能；转体能使机头灵活地转动以实现尾翼调整方向的功能；机头的转子是永磁体，定子绕组切割磁力线产生电能。

风力发电机因风量不稳定，故其输出的是13~25V的交流电，须经充电器整流，再对蓄电瓶充电，使风力发电机产生的电能转换成化学能。然后用有保护电路的逆变电源，把电瓶里的化学能转换成交流220V市电，才能保证稳定使用。

水平轴风机桨叶通过齿轮箱及其高速轴与万能弹性联轴节相连，将转矩传递到发电机的传动轴，此联轴节应当具有很好地吸收阻尼和振动的特性，表现为吸收适量的径向、轴向和一定角度的偏移，并且联轴器可阻止机械装置的过载。直驱型风机桨叶不通过齿轮箱直接与电机相连。

② **2. 风力发电机结构**

机舱。机舱包容着风力发电机的关键设备，包括齿轮箱、发电机。维护人员可以通过风力发电机塔进入机舱。机舱左端是风力发电机转子，即转子叶片及轴。

转子叶片。捕获风，并将风力传送到转子轴心。在600kW风力发电机上，每个转子叶片的测量长度大约为20m，而且被设计得很像飞机的机翼。

轴心。转子轴心附着在风力发电机的低速轴上。

低速轴。风力发电机的低速轴将转子轴心与齿轮箱连接在一起。在

600kW 风力发电机上，转子的转速相当慢，为 19~30r/min。轴中有用于液压系统的导管，来激发空气动力闸的运行。

齿轮箱。齿轮箱左边是低速轴，它可以将高速轴的转速提高至低速轴的 50 倍。

高速轴及其机械闸。高速轴以 1500r/min 运转，并驱动发电机。它装备有紧急机械闸，用于空气动力闸失效或风力发电机被维修时。

发电机。通常被称为感应电机或异步发电机。在现代风力发电机上，最大电力输出通常为 500~1500kW。

偏航装置。借助电动机转动机舱，以使转子正对着风。偏航装置由电子控制器操作，电子控制器可以通过风向标来感觉风向。通常，在风改变其方向时，风力发电机一次只会偏转几度。

电子控制器。包含一台不断监控风力发电机状态的计算机，并控制偏航装置。为防止任何故障（即齿轮箱或发电机的过热），该控制器可以自动停止风力发电机的转动，并通过电话调制解调器来呼叫风力发电机操作员。

液压系统。用于重置风力发电机的空气动力闸。

冷却元件。包含一个风扇，用于冷却发电机。此外，它包含一个油冷却元件，用于冷却齿轮箱内的油。一些风力发电机具有水冷发电机。

塔。风力发电机塔载有机舱及转子。通常高的塔具有优势，因为离地面越高，风速越大。600kW 风汽轮机的塔高为 40~60m。它可以为管状，也可以是格子状。管状的塔对于维修人员更为安全，因为他们可以通过内部的梯子到达塔顶。格状塔的优点在于比较便宜。

风速计及风向标。用于测量风速及风向。

尾舵。常见于水平轴上风向的小型风力发电机（一般在 10kW 及以下），位于回转体后方，与回转体相连，主要作用一是为调节风机转向，使风机正对风向；二是在大风的情况下使风力机机头偏离风向，以达到降低转速，保护风机的作用。

任务 26.3　总结及评价

先分组进行总结，分别说出制作过程及体会，写出书面总结，再互相检查制作结果，集体给每一位同学打分。

1. 任务完成大调查

任务完成后，还要进行总结和讨论，教学时可用表 16-1 所示的打分表进行评价。

2. 行为考核指标

行为考核指标，主要采用批评与自我批评、自育与互育相结合的方法。采用自我考核和小组考核后班级评定的方法。班级每周进行一次民主生活会，就行为指标进行评议，教学时可用表 16-2 所示的评分表来进行评分。

3. 集体讨论题

上网搜索风力发电机及原理，并进行思维导图式讨论。

4. 思考与练习

（1）掌握风力发电机的基本使用方法，研究其规律。

（2）了解各种风力发电机，知道发电机运行知识。

项目 27 人体感应门铃

人工智能硬件除了 5 个基本器件（电阻、电容、电感、二极管、三极管）之外，还有集成块和各种输入输出部件。输入部件统称为输入设备，包括各种传感器、数据输入设备。输出设备称为执行装置，包括各种电机、液压阀、气动阀、电磁阀。本项目介绍人体感应传感器，通过对人体感应传感器的认识和电路制作实验，全面了解人体感应传感器。

项目 27　人体感应门铃

任务 27.1　人体感应门铃制作

"门铃"在中国古代已有雏形，有钱的大户人家是在大门上装有装饰性的门环，叫门的人可用门环拍击环下的门钉发出较大的响声，有现代"门铃"的作用。"门铃"在早期外国电影中常有出现，多是有钱人在门前吊着一只硕大的青铜手柄，马车夫将客人送到门前的时候，会顺便拉拉它牵动里面的铃铛响以示来人。在近代，"门铃"不再是有钱人家的专项，"门铃"已在平民百姓人家普遍应用。各式各样的"门铃"比比皆是，"门铃"的作用也不仅仅是局限于客人叫门用。

27.1.1　人体感应门铃积木拼装

人体感应门铃积木拼装如图 27-1 所示，由人体感应头（器件编号为 95）、音乐集成电路 IC（器件编号为 21）、拨动开关（器件编号为 15）、扬声器（器件编号为 20）等组成。电源采用两节 5 号电池。

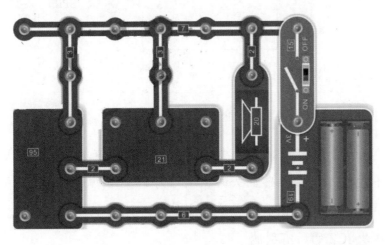

图 27-1　人体感应门铃积木拼装

按照图 27-1 拼装好积木后，将人体感应头用导线引出，安装在门外，检测面向外。合上开关，等待 1min 左右的初始化时间，这时如果有人靠近，扬声器响起音乐声。

图 27-1 还可以改装成自动感应蜂鸣音乐门铃，方法是将扬声器（器件编号为 20）换成蜂鸣器（器件编号为 11），再将感应线圈（器件编号为 74）并联在蜂鸣器之上。

27.1.2 人体感应门铃电路原理图制作

打开 EDA 软件，进入工程设计总界面，单击"新建工程"按钮，按提示新建工程，命名为 27 并保存新工程。进入制作原理图窗口，开始制作原理图。

1. 放置器件

在原理图设计界面左边的竖立工具页标签中选择"常用库"标签，所有常用元器件出现在左边的窗口中，在窗口中选中常用器件，可分别放置人体感应头 IC1、音乐集成块 IC2、拨动开关 SW1、电源、GND 等器件。放置器件后连接导线，完成电路原理图制作，如图 27-2 所示。

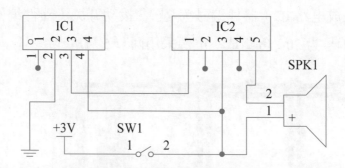

图 27-2　人体感应门铃原理图

注意：连接导线的依据是实物图 27-1，图中器件编号可以自己按顺序编排，一定不能错，如人体感应头的引脚顺序，空着的引脚为 1，引脚 2 接到电源负极，引脚 3 接到音乐集成块的引脚 1，引脚 4 接电源正极。同理可连接音乐集成块 IC2 的所有引脚。

2. 保存文件

原理图制作完成后，选择"文件"→"保存"命令，这样就保存好了文件，在原来 123 文件夹中，会看到取名为 27 的文件。

经过以上绘制后，一个人体感应门铃电路原理图设计完成，如图 27-2 所示。

任务 27.2　人体传感器知识

人体接近传感器基于多普勒技术原理，采用微波专用微处理器、平面型感应天线，不但检测灵敏度高，探测范围宽，而且工作非常可靠，一般没有误报，能在 −15~+60℃ 的温度范围内稳定工作，是以往红外线、超声波、热释电元件组成的报警电路以及常规微波电路所无法比拟的，是用于安全防范和自动监控的最佳产品。

1. 人体传感器

人体接近传感器又称无触点接近传感器，是理想的电子开关量传感器。当金属检测体接近传感器的感应区域，开关就能无接触、无压力、无火花、迅速发出电气指令，准确反应出运动机构的位置和行程，即使用于一般的行程控制，其定位精度、操作频率、使用寿命、安装调整的方便性和对恶劣环境的适用能力，都是一般机械式行程开关所不能相比的。它广泛地应用于机床、冶金、化工、轻纺和印刷等行业。在自动控制系统中可作为限位、计数、定位控制和自动保护环节。接近传感器具有使用寿命长、工作可靠、重复定位精度高、无机械磨损、无火花、无噪声、抗震能力强等特点。因此，接近传感器的应用范围日益广泛，其自身的发展和创新的速度极其迅速。

人体接近传感器、人体活动监测器在银行取款机触发监控录像，在航空、航天技术，保险柜以及工业生产中都有广泛的应用。在日常生活中，如宾馆、饭店、车库的自动门及自动热风机上都有应用。在安全防盗方面，如资料档案、财会、金融、博物馆、金库等重地，通常都装有由各种接近开关组成的防盗装置。在测量技术中，如长度、位置的测量；在控制技术中，如位移、速度、加速度的测量和控制，也都使用着大量的接近开关。

人体接近传感器在 ATM 取款机监控中的应用如下。ATM 专用人体接近传感器 YTMW8631 和人体活动监测器 YT-EWS，它们是用于检测人体接近的控制器件，可准确探知附近人物的靠近，是作为报警和状态检测的最佳选择。传感部分对附近人物移动有很高的检测灵敏度，又对周围环境的声音信号抑制，具有很强的抗干扰能力，性能特点如下：① 具有穿透墙壁和非金属门窗的功能，适用于银行 ATM 监控系统隐蔽式内置安装；② 探测人体接近距离远近可调，可调节半径为 0~5m；③ 探测区域呈双扇形，覆盖空间范围大；④ 对检测信号进行幅度和宽度双重比较，误报小；⑤ 有较高的环境温度适应性能，在 –20~50℃均不影响检测灵敏度；⑥ 非接触探测；⑦ 不受温度、湿度、噪声、气流、尘埃、光线等影响，适合恶劣环境；⑧ 抗射频干扰能力强。

2. 人体传感器工作原理

人体传感器是智能家居的常用组件，也是安装难度较大的组件。它的原理是利用热释电效应，检测人体发出的红外线。热释电效应就是某些晶体在温度变化时，会产生电位变化。人体发出的红外线照到这些晶体上，就会引起电位变化，从而判断是否有人体移动。但是这种传感器只能感应人体的移动，不能感应静止的人体。而且，和人体温度相近的物体或生物，也会误触发传感器。

为了提高传感器的灵敏度和精度，一般都要加上菲涅耳透镜。菲涅耳透镜可以汇聚人体发出的红外线，并产生交替变化的"盲区"和"高灵敏区"。这样，当人体移动时，发出的红外线就会交替地通过这些区域，从而实现更高的检测精度。菲涅耳透镜还有滤光片，只让特定波长的红外线透过，去除其他红外线的干扰。

热释电效应传感器价格便宜、功耗低、不发出波束，所以使用广泛。但是也有一些缺点和限制，如果人体发出的红外线被玻璃、浴帘等物体阻挡，或者环境温度和人体温度非常接近，传感器可能探测不到人体。

任务 27.3 总结及评价

先分组进行总结，分别说出制作过程及体会，写出书面总结。再互相检查制作结果，集体给每一位同学打分。

1. 任务完成大调查

任务完成后，还要进行总结和讨论，教学时可用表 16-1 所示的打分表进行评价。

2. 行为考核指标

行为考核指标，主要采用批评与自我批评、自育与互育相结合的方法。采用自我考核和小组考核后班级评定的方法。班级每周进行一次民主生活会，就行为指标进行评议，教学时可用表 16-2 所示的评分表来进行评分。

3. 集体讨论题

上网搜索人体感应传感器种类及原理，并进行思维导图式讨论。

4. 思考与练习

（1）掌握人体感应传感器的基本使用方法，研究其规律。

（2）了解各种传感器的原理及发展方向。

项目 28 流水彩灯

流水彩灯是一个简单、有趣的小制作,同时又是一个实用的小制作。通过这个小制作,既可以掌握一些基本的电子知识和制作技巧,又可以为家里提供一个与众不同的彩灯。下面具体讲解流水彩灯制作方法。

项目 28　流水彩灯

任务 28.1　流水彩灯制作

流水彩灯电路由流水彩灯集成电路 IC1（器件编号为 73 号），音乐集成电路 IC2（器件编号为 21 号），拨动开关（器件编号为 15 号），扬声器（器件编号为 20 号）等组成。电源采用两节 5 号电池。由于流水彩灯的工作特点是不需要长期工作，因此本电路设置电源开关，不用时，关闭电源。

28.1.1　流水彩灯积木拼装

按图 28-1 拼装好积木后，合上拨动开关，扬声器发出音乐声，流水彩灯闪亮。

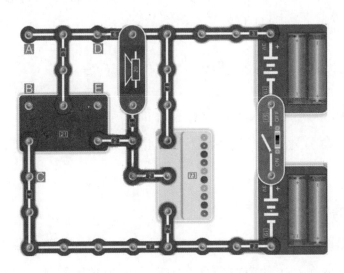

图 28-1　流水彩灯积木拼装

（1）键控音乐声流水彩灯。将器件表中 14 号器件接在 DE 两端。按下电键，音乐声再次响起，流水彩灯再次闪亮；松开电键，音乐声停止，流水彩灯停止闪亮。

（2）磁控音乐声流水彩灯。将器件表中 14 号器件换成 13 号器件，用磁铁吸合管。操作同（1）。

（3）光控音乐声流水彩灯。将器件表中 13 号器件换成 16 号器件，用手遮挡光敏电阻的光线。操作同（1）。

（4）水控音乐声流水彩灯。将器件表中 16 号器件换成 12 号器件，只要有水滴在触摸板上。操作同（1）。

（5）声控延时音乐声流水彩灯 D。将器件表中 11 号器件接在 AB 两端，拍手或大声讲话，音乐灯闪亮一遍后停止。

（6）声控延时音乐声流水彩灯 2。将器件表中 11 号器件接在 BC 两端。操作同（1）。

（7）声控延时音乐声流水彩灯 3。将器件表中 28 号器件接在 AB 两端（正极朝上）。操作同（1）。

（8）声控延时音乐声流水彩灯。将器件表中 28 号器件接在 BC 两端（正极朝上），AB 两端接入 5.1kΩ 电阻。

（9）电动延时音乐声流水彩灯。将器件表中 24 号器件接在 AB 两端，拧动电动机的轴，音乐灯闪亮。

28.1.2　流水彩灯电路原理图制作

打开 EDA 软件，进入工程设计总界面，单击"新建工程"按钮，按提示新建工程，命名为 28 并保存新工程。进入制作原理图窗口，开始制作原理图。

1. 放置器件

在原理图设计界面左边的竖立工具页标签中选择"常用库"标签，所有常用元器件出现在左边的窗口中，在窗口中选中常用器件，可分别放置流水彩灯 IC1、音乐集成块 IC2、扬声器 LB、拨动开关 SW1 等器件。放置器件后连接导线，完成电路原理图制作，如图 28-2 所示。

注意：放线的依据是实物图 28-1，图中器件编号可以自己按顺序编排，一定不能错。如流水彩灯的引脚顺序，下面的引脚为 1，接到电源负极，引脚 2 接音乐集成块的引脚 5 和扬声器，引脚 3 接电源正极。同理，可连接音乐集成块 IC2 的所有引脚。

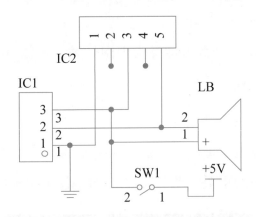

图 28-2　流水彩灯电路图

2. 保存文件

原理图制作完成后，选择"文件"→"保存"命令，这样就保存好了文件，在原来 123 文件夹中，会看到取名为 28 的文件。

经过以上绘制后，一个流水彩灯电路图设计完成，如图 28-2 所示。该电路的功能是控制彩灯按顺序点亮，反复循环。

任务 28.2　彩灯发展历史

彩灯在世界范围应用很广，世界各地都有办灯会、彩灯展、花灯会，国内的中秋彩灯会、国庆灯展、灯光秀、元宵花灯会、春节灯会等活动也极受欢迎。下面介绍主要彩灯知识。

28.2.1　彩灯

花灯，又名灯笼。灯笼是起源于中国的一种汉族传统民俗工艺品，在古代，其主要作用是照明，由纸或者绢作为灯笼的外皮，骨架通常使用竹或木条制作，中间放上蜡烛或者灯泡，成为照明工具。受汉文化影响，在亚洲华人地区，许多国家的庙宇中，灯笼也是相当常见的物品。

花灯是中国传统农业时代的文化产物，兼具生活功能与艺术特色。花灯是汉民族数千年来重要的娱乐文化，它酬神娱人，既有"傩戏"酬神的功能，又有娱人娱乐的价值，现代社会多于春节、元宵节等节日悬挂，为佳节喜日增光添彩，祈求平安。自贡市被誉为中国灯城。2012年，广东省兴宁市获评为"中国花灯之乡"。

1. 历史传说

隋朝炀帝时，元宵节期间赏灯活动热闹非凡，夜夜笙歌，通宵达旦，张灯逐渐发展为元宵节的重要活动。大型灯会的花灯如图28-3所示。

图28-3　花灯

唐朝治世因社会升平，经济富庶，花灯更是大放异彩，盛极一时，活动规模相当浩大，观灯人潮万头攒动，上至王公贵族，下至贩夫走卒，无不出外赏灯。玄宗时亦延续西汉弛禁制度，京师长安更在元宵节前后三夜取消宵禁，扩大实施"放夜"，方便人民赏灯，唐以后花灯便成为元宵节的重要标志。

两宋时期国势虽然积弱，此项文化因得到皇室的大力倡行而益加发扬光大，使宋朝成为花灯发展的另一重要历史阶段。明清两朝赏灯热潮未减，坊间更出现灯市，贩售各种花灯，式样繁多，争相竞秀。

中国人元宵节迎花灯的习俗至今已有两千多年的历史，全国各地的花灯种类繁多，灯式不一，各有流行。中国台湾花灯，俗称"鼓仔灯"，因早期制作时多形似锣鼓而得名，流行的种类有走马灯、骰子灯、圆灯、关刀灯等。由于闽南语"灯"与"丁"同音，故一般将提灯、闹灯视为人丁旺盛的佳兆。

传说在很久以前，有一只神鸟因为迷路而降落人间，却意外地被不知情的猎人给射死了。天帝知道后十分震怒，就下令让天兵于正月十五日到人间放火,把人类通通烧死。天帝的女儿心地善良,不忍心看百姓无辜受难,就冒着生命危险,把这个消息告诉了人们。众人听说了这个消息,犹如头上响了一个焦雷,吓得不知如何是好。过了好久好久,才有个老人想出个法子,他说:"在正月十四、十五、十六日这三天,每户人家都在家里挂起红灯笼、点爆竹、放烟火。这样一来,天帝就会以为人们都被烧死了"。大家听了都点头称是,便分头准备去了。到了正月十五这天晚上,天兵往下一看,发觉人间一片红光,以为是大火燃烧的火焰,就禀告天帝不用下凡放火了。人们就这样保住了生命及财产。为了纪念这次成功,从此每到正月十五,家家户户都悬挂灯笼、放烟火来纪念这个日子。

2. 分类

花灯通常分为吊灯、座灯、壁灯、提灯几大类,它是用竹木、绫绢、明球、玉佩、丝穗、羽毛、贝壳等材料,经彩扎、裱糊、编结、刺绣、雕刻,再配以剪纸、书画、诗词等装饰制作而成的综合工艺品,也是中国传统的民间手工艺品。

清乾隆中叶,由于昆明商业发达,外省会馆、行业会馆纷纷建立,各地流行的戏曲声腔和戏班也随之而来。为适应地方语言习俗,经历代艺术的加工改造,明清小曲与民歌小调逐步结合,形成了昆明花灯。早期演出是与会火(社火)结合。会火由灯会(灯班)组织举办,于春节、元宵节等节日期间活动,演出前要举行"迎灯神"仪式,并由管事向各处投送灯帖。演出队伍由写有"太平花灯"的大灯和写有"风调雨顺""国泰民安"字样的各形彩灯领队,随后依次是过山号和文武乐队、狮灯龙灯队、武术杂耍队、高跷、旱船、跑驴、秧歌、秧老鼓、霸王鞭及彩装的剧中人物或"鹬蚌相争""大头宝宝戏柳翠"(或为大头和尚戏柳翠)等故事人物,沿途表演,向接了灯帖的人家祝贺。此种"贺灯"边走边演,称为"过街灯"。以后发展为在村镇街道广场演出,被称为"簸箕灯"。节目有本地的花灯小戏《打枣竿》《金纽丝》《倒扳桨》等,以及移植的明清小曲《城乡亲家》《盲人观灯》《打渔》《朱买臣休妻》等剧目。经整理,已挖掘出传统曲调1200多首,大体包括情节简单的舞蹈、歌剧、小故事剧三种形式。随着时代的进步，剧目不断创新。在抗日战争时期组成农民救亡灯剧团，演出《张小二从军》《新四郎探母》等新题材剧目。如今，新剧目同传统剧目穿插演出，成为群众喜闻乐见的地方传统戏曲。

中国花灯是多种技法、多种工艺、多种装饰技巧、多种材料制作的综合艺术，花灯种类繁多，有龙灯、宫灯、纱灯、花篮灯、龙凤灯、棱角灯、树地灯、礼花灯、蘑菇灯等，形状有圆形、正方形、圆柱形、多角形等。

龙灯，亦称"舞龙"，是中国民间灯饰和舞蹈形式之一，流行于中国的很多地方。龙灯前有龙首，身体中间节数不等，但一般为单数，每节下面有一根棍子以便撑举。每节内燃蜡烛的称为"龙灯"，不燃蜡烛的称为"布龙"。舞时，由一人持彩珠戏龙，龙头随珠转动，其他许多人各举一节相随，上下掀动，左右翻舞，并以锣鼓相配合，甚为壮观。

宫灯，是中国驰名世界的特种手工花灯艺品。宫灯因多为皇宫和官府制作和使用，故有此名。现存最早的宫灯是故宫博物院收藏的明朝宫灯。宫灯的制作十分复杂，主要用雕木、雕竹、镂铜作骨架，然后镶上纱绢、玻璃或牛角片，上面彩绘山水、花鸟、鱼虫、人物等各种吉祥喜庆的题材。上品宫灯还嵌有翠玉或白玉。宫灯的造型十分丰富，有四方、六方、八角、圆珠、花篮、方胜、双鱼、葫芦、盘长、艾叶、眼镜、套环等许多品种，尤以六方宫灯为代表。1915年，北京宫灯首次被送到巴拿马万国博览会展出，荣获金奖，受到国际好评。其后，宫灯逐渐向实用方向发展，出现各种吊灯、壁灯、台灯和戳灯等。中国的宫灯制作以北京最为著名。

走马灯是花灯艺术中一类独特的观赏灯种，其声誉传遍海内外，以广东走马灯为最佳。

3. 艺术特点

现代花灯艺术已经逐渐脱离传统花灯的做法，创新出具有地方独特风味的艺术品。它的创作难度很高，融入的技术较复杂，取材较宽广活泼。现代花灯的创作必须融入结构学、力学、电学、美学、材料学等专门学科以及创意，是所有艺术创作中,难度最高的一种。因为每年灯会的展出能吸引数以百万计的游客观赏,从而演变为台湾各项观光活动中,最有吸引力的项目,也是最能代表台湾艺术的项目之一。

28.2.2 彩灯造型艺术

花灯的制作历史悠久,随着时代的变迁,在材质和造型上都有很大的变化。纸、竹、绸缎、木是很常见的传统素材,塑胶、玻璃纸、亚克力等则是现代的材料。其实只要能透光,花灯的制作材料并没有限定,连水果、废弃纸盒、铝罐都可以作材料。因此,花灯的变化有无限的想象空间,而且利用现代控制技术可使彩灯更加魔幻绚丽。艺术彩灯如图28-4所示。

图 28-4　艺术彩灯

彩灯造型艺术应用于现代装饰风格,从而使得具有民俗特色的彩灯进入现代产业的各领域,走进千家万户,被越来越多的人所接受。大型艺术彩灯如图28-5所示。

图 28-5　大型艺术彩灯

随着科技的发展和社会的不断进步,彩灯艺术也随之发生了悄然的变化。

传统彩灯采用的材料大多是木材和纸、帛等。而现代化生产条件下带来了更为丰富的原材料,在材料的颜色、纹饰、质地上有了更为广泛的选择,这样制作出来的彩灯灯品种类更多了。一些造型复杂的彩灯可以用特殊的材料做成各种各样的样式。特殊材料制作的艺术彩灯如图 28-6 所示。

图 28-6　特殊材料制作的艺术彩灯

设计之所以从传统走向现代,完全是由于社会需求的量与生产力提高所致,是工艺技术改变的必然,也是全球性商品竞争所需。高工艺制作的艺术彩灯如图 28-7 所示。

图 28-7　高工艺制作的艺术彩灯

彩灯艺术针对现代市场的需要,不断发展创新,开辟了适合现代生存的一条路子。

任务 28.3　总结及评价

先分组进行总结,分别说出制作过程及体会,写出书面总结。再互相检查制作结果，集体给每一位同学打分。

1. 任务完成大调查

任务完成后，还要进行总结和讨论，教学时可用表 16-1 所示的打分表进行评价。

2. 行为考核指标

行为考核指标，主要采用批评与自我批评、自育与互育相结合的方法。采用自我考核和小组考核后班级评定的方法。班级每周进行一次民主生活会，就行为指标进行评议，教学时可用表 16-2 所示的评分表来进行评分。

3. 集体讨论题

上网搜索彩灯工艺，并进行思维导图式讨论。

4. 思考与练习

（1）学习彩灯的基本制作方法，研究其规律。

（2）自己动手制作一个彩灯。

项目 29　自动报警器

　　随着我国经济的快速发展，生活水平的不断提高，人民对居家的概念已从最初满足简单的居住功能发展到注重对住宅的人性化需求。安全、舒适、快捷、方便的自动智能家居，已成为住宅发展的主流趋势。自动报警器除应用于家庭安全外，经常应用于系统故障、安全防范、交通运输、医疗救护、应急救灾、感应检测等领域，与社会生产密不可分。本项目通过对自动报警器的电路制作实验，全面了解自动报警器相关知识。

项目 29　自动报警器

任务 29.1　自动报警器制作

自动报警器一般由输入传感器、控制器、执行部件组成。控制器由电池、报警集成电路、三极管、开关等组成。输入传感器有磁控开关、触摸开关、导线（断线报警）等，执行部件有电磁阀、电机、报警喇叭、报警灯光等。

29.1.1　自动报警器积木拼装

由报警集成电路（器件编号为22）、PNP三极管（器件编号为15）等组成。由于自动报警器的……此本电路设电源开关，长期不用时，断开开关……

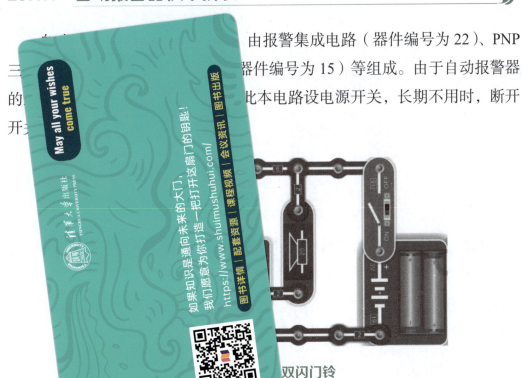

双闪门铃

按图……用一根较长的细导线穿过需要防盗的自行车……将细导线的两端接在AB两端，当线断开时……

29.1.2

打开……单击"新建工程"按钮，按提

示新建工程,命名为29并保存新工程。进入制作原理图窗口,开始制作原理图。

1. 放置器件

在原理图设计界面左边的竖立工具页标签中选择"常用库"标签,所有常用元器件出现在左边的窗口中,在窗口中选中常用器件,可分别放置报警集成电路 IC1、扬声器 LB1、三极管 Q1、电阻 R1、开关 SW1 等器件。放置器件后连接导线,完成原理图制作,如图 29-2 所示。

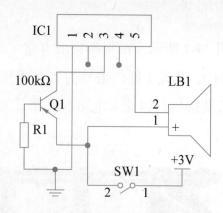

图 29-2　自动报警电路图

注意:放线的依据是实物图 29-1,图中器件编号可以自己按顺序编排,一定不能错。例如,报警器集成块的引脚顺序,按顺时针方向排列,左下的引脚为 1,接到电源负极,引脚 2 为空,引脚 3 接三极管的集电极,引脚 4 为空,引脚 5 接扬声器,同理可连接其他器件引脚。

2. 保存文件

原理图制作完成后,选择"文件"→"保存"命令,这样就保存好了文件,在原来 123 文件夹中,会看到取名为 29 的文件。

经过以上绘制后,一个自动报警电路图设计完成,该电路的功能是在一个报警集成电路外围分别接入一个电阻,一个三极管(注意,三极管、引脚不要接错),一个按钮和一个扬声器。拼接好后,合上拨动开关,发出报警声响。

任务 29.2 传感器知识

传感器（transducer/sensor）是能感受到被测量的信息，并能将感受到的信息，按一定规律变换成为电信号或其他所需形式的信息输出，以满足信息的传输、处理、存储、显示、记录和控制等要求的检测装置。

传感器的存在和发展，让物体有了触觉、味觉和嗅觉等感官，让物体变得活了起来，传感器是人类五官的延伸。

传感器具有微型化、数字化、智能化、多功能化、系统化、网络化等特点，它是实现自动检测和自动控制的首要环节。

29.2.1 传感器构造及功能

传感器种类很多，每一种类型在构造、原理上各有不同，但从一般构造来说大致一样，一般由敏感元件、转换元件、变换电路和辅助电源 4 部分组成，如图 29-3 所示。

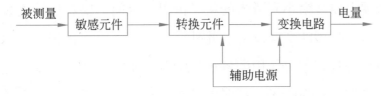

图 29-3 传感器的组成

敏感元件直接感受被测量，并输出与被测量有确定关系的物理量信号；转换元件将敏感元件输出的物理量信号转换为电信号；变换电路负责对转换元件输出的电信号进行放大调制；转换元件和变换电路一般还需要辅助电源供电。

与人类五大感觉器官相比拟，发明了五觉传感器。

（1）按五觉分类：①光敏传感器——视觉；②声敏传感器——听觉；③气敏传感器——嗅觉；④化学传感器——味觉；⑤压敏、温敏、流体传感器——触觉。

（2）按敏感元件分类：①物理类,基于力、热、光、电、磁和声等物理效应；②化学类，基于化学反应的原理；③生物类，基于酶抗体、和激素等分子识别功能；④基本感知功能可分为热敏元件、光敏元件、气敏元件、力敏元件、磁敏元件、湿敏元件、声敏元件、放射线敏感元件、色敏元件和味敏元件等多类（还有人曾将敏感元件分为46类）。

人们为了从外界获取信息，必须借助于感觉器官。但单靠人们自身的感觉器官，在研究自然现象和规律以及生产活动中是远远不够的。为了适应这种情况，就需要传感器。因此可以说，传感器是人类五官的延伸，又称为电五官。新技术革命已到来，世界开始进入信息时代。在利用信息的过程中，首先要解决的就是要获取准确、可靠的信息，而传感器是获取自然和生产领域中信息的主要途径与手段。在现代工业生产尤其是自动化生产过程中，要用各种传感器来监视和控制生产过程中的各参数，使设备工作在正常状态或最佳状态，并使产品达到最好的质量。因此可以说，没有众多优良的传感器，现代化生产也就失去了基础。在基础学科研究中,传感器更具有突出的地位。现代科学技术的发展，进入了许多新领域，如在宏观上要观察上千光年的茫茫宇宙，微观上要观察小到微米的粒子世界，纵向上要观察长达数十万年的天体演化，短到毫秒的瞬间反应。此外，还出现了对深化物质认识、开拓新能源、新材料等具有重要作用的各种极端技术研究，如超高温、超低温、超高压、超高真空、超强磁场、超弱磁场等。显然，要获取大量人类感官无法直接获取的信息，没有相适应的传感器是不可能的。许多基础科学研究的障碍，首先就在于对象信息的获取存在困难，而一些新机理和高灵敏度的检测传感器的出现，往往会导致该领域内的突破。一些传感器的发展，往往是一些边缘学科开发的先驱。传感器早已渗透到诸如工业生产、宇宙开发、海洋探测、环境保护、资源调查、医学诊断、生物工程，甚至文物保护等极其广泛的领域。可以毫不夸张地说，从茫茫的太空到浩瀚的海洋，以至各种复杂的工程系统,几乎每一个现代化项目都离不开各种各样的传感器。由此可见，传感器技术在发展经济、推动社会进步方面的重要作用是十分明显的。世界各国都十分重视这一领域的发展。相信不久的将来,传感器技术将会出现一个飞跃,达到与其重要地位相称的新水平。

29.2.2 主要传感器介绍

传感器种类很多,按用途可分为力敏传感器、位置传感器、液位传感器、能耗传感器、速度传感器、加速度传感器、射线辐射传感器、热敏传感器。由于篇幅有限,下面只选择性介绍几种传感器。

1. 激光传感器

激光传感器是利用激光技术进行测量的传感器,由激光器、激光检测器和测量电路组成,如图29-4所示。激光传感器是新型测量仪表,优点是能实现无接触远距离测量,速度快,精度高,量程大,抗光、电干扰能力强等。

图 29-4 激光传感器

激光传感器在工作时,先由激光发射二极管对准目标发射激光脉冲,经目标反射后激光向各方向散射。部分散射光返回到传感器接收器,被光学系统接收后成像到雪崩光电二极管上。雪崩光电二极管是一种内部具有放大功能的光学传感器,因此它能检测极其微弱的光信号,并将其转化为相应的电信号。

利用激光的高方向性、高单色性和高亮度等特点可实现无接触远距离测量。激光传感器常用于长度(如 ZLS-Px)、距离(如 LDM4x)、振动(如 ZLDS10X)、速度(如 LDM30x)、方位等物理量的测量,还可用于探伤和大气污染物的监测等。

2. 霍尔传感器

霍尔传感器（见图29-5）是根据霍尔效应制作的一种磁场传感器，广泛地应用于工业自动化技术、检测技术及信息处理等方面。霍尔效应是研究半导体材料性能的基本方法。通过霍尔效应实验测定的霍尔系数，能够判断半导体材料的导电类型、载流子浓度及载流子迁移率等重要参数。

图 29-5　霍尔传感器

霍尔传感器分为线性型霍尔传感器和开关型霍尔传感器两种。

（1）线性型霍尔传感器由霍尔元件、线性放大器和射极跟随器组成，输出的是模拟量。

（2）开关型霍尔传感器由稳压器、霍尔元件、差分放大器、斯密特触发器和输出级组成，输出的是数字量。

3. 温度传感器

温度传感器如图29-6所示。

图 29-6　温度传感器

（1）室温、管温传感器。室温传感器用于测量室内和室外的环境温度，管温传感器用于测量蒸发器和冷凝器的管壁温度。室温传感器和管温传感器的形状不同，但温度特性基本一致。按温度特性划分，使用的室温、管温传感器有两种类型。一是常数 B 值为 4100K±3%，基准电阻为 25℃对应电阻 10kΩ±3%；二是在 0℃和 55℃对应电阻公差约为 ±7%。而 0℃以下及 55℃以上，对于不同的供应商，电阻公差会有一定的差别。温度越高，阻值越小；温度越低，阻值越大。离 25℃越远，对应电阻公差范围越大。

（2）排气温度传感器。排气温度传感器用于测量压缩机顶部的排气温度，常数 B 值为 3950K±3%，基准电阻为 90℃对应电阻 5kΩ±3%。

（3）模块温度传感器。模块温度传感器用于测量变频模块（IGBT 或 IPM）的温度，感温头的型号是 602F-3500F，基准电阻为 25℃对应电阻 6kΩ±1%。几个典型温度的对应阻值分别是 −10℃→（25.897~28.623）kΩ；0℃→（16.3248~17.7164）kΩ；50℃→（2.3262~2.5153）kΩ；90℃→（0.6671~0.7565）kΩ。

（4）无线温度传感器将控制对象的温度参数变成电信号，并对接收终端发送无线信号，对系统实行检测、调节和控制。可直接安装在一般工业热电阻、热电偶的接线盒内，与现场传感元件构成一体化结构。通常和无线中继、接收终端、通信串口、电子计算机等配套使用，这样不仅节省了补偿导线和电缆，而且减少了信号传递失真和干扰，从而获得了高精度的测量结果。

无线温度传感器广泛应用于化工、冶金、石油、电力、水处理、制药、食品等自动化行业。例如，高压电缆上的温度采集；水下等恶劣环境的温度采集；运动物体上的温度采集；不易连线通过的空间传输传感器数据；单纯为降低布线成本选用的数据采集方案；没有交流电源的工作场合的数据测量；便携式非固定场所数据测量。

温度传感器的种类很多，经常使用的有热电阻 PT100、PT1000、Cu50、Cu100；热电偶 B、E、J、K、S 等。温度传感器不但种类繁多，而且组合形式多样，应根据不同的场所选用合适的产品。

测温原理：根据电阻阻值、热电偶的电势随温度不同发生有规律的变化的原理，可以得到所需要测量的温度值。

4. 智能传感器

智能传感器（见图29-7）的功能是通过模拟人的感官和大脑的协调动作，结合长期以来测试技术的研究和实际经验而提出来的，是一个相对独立的智能单元，它的出现对原来硬件性能的苛刻要求有所减轻，而靠软件帮助可以使传感器的性能大幅度提高。

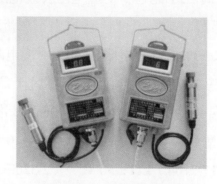

图 29-7　智能传感器

（1）信息存储和传输。随着全智能集散控制系统（smart distributed system）的飞速发展，对智能单元要求具备通信功能，用通信网络以数字形式进行双向通信，这也是智能传感器关键标志之一。智能传感器通过测试数据传输或接收指令来实现各项功能，如增益的设置、补偿参数的设置、内检参数设置、测试数据输出等。

（2）自补偿和计算功能。多年来从事传感器研制的工程技术人员一直为传感器的温度漂移和输出非线性做大量的补偿工作，但都没有从根本上解决问题。而智能传感器的自补偿和计算功能为传感器的温度漂移和非线性补偿开辟了新的道路。这样，放宽传感器加工精密度要求，只要能保证传感器的重复性好，利用微处理器对测试的信号通过软件计算，采用多次拟合和差值计算方法对漂移和非线性进行补偿，从而能获得较精确的测量结果。

（3）自检、自校、自诊断功能。普通传感器需要定期检验和标定，以保证它在正常使用时有足够的准确度，这些工作一般要求将传感器从使用现场拆卸送到实验室或检验部门进行。对于在线测量传感器出现异常则不能及时诊断。采用智能传感器情况则大有改观，首先自诊断功能在电源接通时进行自检，诊断测试以确定组件有无故障。其次根据使用时间可以在线进行校正，微处理器利用存在 EPROM 内的计量特性数据进行对比校对。

（4）复合敏感功能。观察周围的自然现象，常见的信号有声、光、电、热、力、化学等。敏感元件测量一般通过两种方式：直接和间接的测量。而智能传感器具有复合功能，能够同时测量多种物理量和化学量，给出能够较全面反映物质运动规律的信息。

5. 光敏传感器

光敏传感器是最常见的传感器之一，它的种类繁多，主要有光电管、光电倍增管、光敏电阻、光敏三极管、太阳能电池、红外线传感器、紫外线传感器、光纤式光电传感器、色彩传感器、CCD 和 CMOS 图像传感器等。它的敏感波长在可见光波长附近，包括红外线波长和紫外线波长。光敏传感器不只局限于对光的探测，还可以作为探测元件组成其他传感器，对许多非电量进行检测，只要将这些非电量转换为光信号的变化即可。光敏传感器是产量最多、应用最广的传感器之一，它在自动控制和非电量电测技术中占有非常重要的地位。最简单的光敏传感器是光敏电阻，当光子冲击接合处就会产生电流。

6. 视觉传感器

视觉传感器（见图 29-8）具有从一整幅图像捕获光线的数以千计像素的能力，图像的清晰和细腻程度常用分辨率来衡量，以像素数量表示。

图 29-8　视觉传感器

在捕获图像之后，视觉传感器将其与内存中存储的基准图像进行比较，以做出分析。例如，若视觉传感器被设定为辨别正确地插有 8 颗螺栓的机器部件，则传感器知道应该拒收只有 7 颗螺栓的部件，或者螺栓未对准的部件。此外，无论该机器部件位于视场中的哪个位置，无论该部件是否在 360º 范围内旋转，视觉传感器都能做出判断。

视觉传感器的应用领域如下。

视觉传感器的低成本和易用性已吸引机器设计师和工艺工程师将其集成入各类曾经依赖人工、多个光电传感器，或根本不检验的应用。视觉传感器的工业应用包括检验、计量、测量、定向、瑕疵检测和分拣。以下是一些应用范例。

在汽车组装厂，视觉传感器检验由机器人涂抹到车门边框的胶珠是否连续，是否有正确的宽度。

在瓶装厂，视觉传感器校验瓶盖是否正确密封、装罐液位是否正确，以及在封盖之前有没有异物掉入瓶中。

在包装生产线，视觉传感器确保在正确的位置粘贴正确的包装标签。

在药品包装生产线，视觉传感器检验阿司匹林药片的泡罩式包装中是否有破损或缺失的药片。

在金属冲压公司，视觉传感器以每分钟逾 150 片的速度检验冲压部件，比人工检验快 13 倍以上。

7. 位移传感器

位移传感器（见图 29-9）又称为线性传感器，是把位移转换为电量的传感器。位移传感器是一种属于金属感应的线性器件，传感器的作用是把各种

图 29-9　位移传感器

被测物理量转换为电量。它分为电感式位移传感器、电容式位移传感器、光电式位移传感器、超声波式位移传感器、霍尔式位移传感器。

在这种转换过程中有许多物理量（如压力、流量、加速度等），常常需要先变换为位移，然后再将位移变换成电量。因此，位移传感器是一类重要的基本传感器。在生产过程中，位移的测量一般分为测量实物尺寸和机械位移两种。机械位移包括线位移和角位移。按被测变量变换的形式不同，位移传感器可分为模拟式和数字式两种。模拟式又可分为物性型（如自发电式）和结构型两种。常用位移传感器以模拟式结构型居多，包括电位器式位移传感器、电感式位移传感器、自整角机、电容式位移传感器、电涡流式位移传感器、霍尔式位移传感器等。数字式位移传感器的一个重要优点是便于将信号直接送入计算机系统。这种传感器发展迅速，应用日益广泛。

8. 超声波测距离传感器

超声波测距离传感器采用超声波回波测距原理，运用精确的时差测量技术，检测传感器与目标物之间的距离，采用小角度、小盲区超声波传感器，具有测量准确、无接触、防水、防腐蚀、低成本等优点，可应用于液位、物位检测，其特有的液位、料位检测方式，可保证在液面有泡沫或大的晃动，不易检测到回波的情况下有稳定的输出，应用行业有液位、物位、料位检测，工业过程控制等。

9. 液位传感器

（1）浮球式液位传感器。浮球式液位传感器由磁性浮球、测量导管、信号单元、电子单元、接线盒及安装件组成。

一般磁性浮球的比重小于0.5，可漂于液面之上并沿测量导管上下移动。导管内装有测量元件，它可以在外磁作用下将被测液位信号转换成正比于液位变化的电阻信号，并将电子单元转换成4~20mA或其他标准信号输出。该传感器为模块电路，具有耐酸、防潮、防震、防腐蚀等优点，电路内部含有恒流反馈电路和内保护电路，可使输出最大电流不超过28mA，因而能够可靠地保护电源并使二次仪表不被损坏。

（2）浮筒式液位传感器。浮筒式液位传感器是将磁性浮球改为浮筒，是根据阿基米德浮力原理设计的。浮筒式液位传感器是利用微小的金属膜应变传感技术来测量液体的液位、界位或密度的。它在工作时可以通过现场按键来进行常规的设定操作。

（3）静压式液位传感器。该传感器利用液体静压力的测量原理工作。它一般选用硅压力测压传感器将测量到的压力转换成电信号，再经放大电路放大和补偿电路补偿，最后以 4~20mA 或 0~10mA 的电流方式输出。

10. 称重传感器

称重传感器是一种能够将重力转变为电信号的力—电转换装置，是电子衡器的一个关键部件。

能够实现力—电转换的传感器有多种，常见的有电阻应变式、电磁力式和电容式等。电磁力式主要用于电子天平，电容式用于部分电子吊秤，而绝大多数衡器产品所用的还是电阻应变式称重传感器。电阻应变式称重传感器结构较简单，准确度高，适用面广，且能够在相对比较差的环境下使用。因此电阻应变式称重传感器在衡器中得到了广泛运用。

11. 可测血糖传感器

2022 年 11 月，韩国蔚山国立科学技术院研究团队提出了一种基于电磁的传感器，报告了一种无须抽血即可测量血糖水平的新方法。这种可植入式传感器可替代基于酶或光学的葡萄糖传感器，不仅克服了现有连续血糖监测系统寿命短等缺点，而且提高了血糖预测的准确性。

任务 29.3　总结及评价

先分组进行总结，分别说出制作过程及体会，写出书面总结。再互相检查制作结果，集体给每一位同学打分。

1. 任务完成大调查

任务完成后，还要进行总结和讨论，教学时可用表16-1所示的打分表进行评价。

2. 行为考核指标

行为考核指标，主要采用批评与自我批评、自育与互育相结合的方法。采用自我考核和小组考核后班级评定的方法。班级每周进行一次民主生活会，就行为指标进行评议，教学时可用表16-2所示的评分表来进行评分。

3. 集体讨论题

上网搜索传感器相关知识，并进行思维导图式讨论。

4. 思考与练习

（1）掌握传感器的基本使用方法，研究其规律。

（2）了解各种传感器的原理。

项目 30　手控音乐警车混响器

　　手控音乐警车混响器是一种集成组合电路,电子电路设计时除了要使用 5 个基本元器件外,还要使用各种集成块。基本设计思路是,将各种器件组合成功能电路,再由多种功能电路组合成一个实用产品,认真思考后总结以前学过的各项目,找出规律,从而提高综合能力。

项目 30　手控音乐警车混响器

任务 30.1　手控音乐警车混响器制作

手控音乐警车混响器电路由音乐集成电路 IC1（器件编号为 21）、报警集成电路 IC2（器件编号为 62）、扬声器（器件编号为 20）、电键（器件编号为 14）、拨动开关（器件编号为 15）等组成。电源采用两节 5 号电池。由于手控音乐混响器的工作特点是不需要长期待机，因此本电路设电源开关，长期不用时，关掉电源开关即可。

30.1.1　手控音乐警车混响器积木拼装

手控音乐警车混响器装好电路图如图 30-1 所示，合上拨动开关，扬声器发出既有音乐又有警车声的混响声，等声音停止后，这时便可手控警车混响音乐声，按下电键，混响音乐声再响起，松开电键，声音停止。

图 30-1　手控音乐警车混响器电路

（1）手控音乐机枪混响声。先单独连接 A、C，按下电键，音乐机枪混响声响起，松开电键，声音停止。

127

（2）手控音乐救护车混响声。先单独连接 B、D，按下电键，音乐救护车混响声响起，松开电键，声音停止。

（3）手控音乐消防车混响声。先单独连接 A、B，按下电键，音乐消防车混响声响起，松开电键，声音停止。

（4）手控音乐笑声混响声。先单独连接 B、C，按下电键，音乐笑声混响声响起，松开电键，声音停止。

30.1.2　手控音乐警车混响器电路图制作

打开 EDA 软件，进入工程设计总界面，单击"新建工程"按钮，按提示新建工程，命名、保存新工程。进入制作原理图窗口，开始制作原理图。

1. 放置器件

在原理图设计界面左边的竖立工具页标签中选择"常用库"标签，所有常用元器件出现在左边的窗口中，在窗口中选中常用器件，放置元件。可分别放置音乐集成电路 IC1、报警集成电路 IC2、扬声器 SPK1、电键 AJ1、拨动开关 SW2 等。放置器件后连接导线，完成原理图制作，如图 30-2 所示。

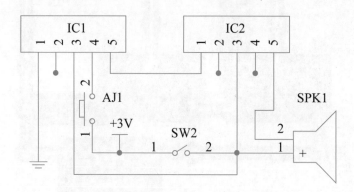

图 30-2　手控音乐警车混响器电路图

注意：放线的依据是实物图 30-1，图中器件编号可以自己按顺序编排，一定不能错。例如，报警器集成块 IC2 的管脚顺序，按顺时针方向排列，左下的引脚为 1，接到音乐集成块 IC1 的引脚 5，引脚为 2 空，引脚 3 接电源正极，引脚为 4 空，引脚 5 接扬声器，同理可连接其他器件引脚。

项目 30 手控音乐警车混响器

. 保存文件

原理图制作完成后，选择"文件"→"保存"命令，这样就保存好了文件，在原来 123 文件夹中，会看到取名为 30 的文件。

经过以上绘制后，一个手控音乐警车混响器电路图设计完成，该电路的功能是合上拨动开关 SW2 后，音乐报警混响器发出混响声音，再按一次电键 AJ1，混响声响起。

任务 30.2 混 响 知 识

混响（reverberation）是物理学现象，声波遇到障碍会反射，因此，世界充满了混响。混响时间的长短是音乐厅、剧院、礼堂、家庭等建筑物的重要声学特性。

30.2.1 混响原理

. 自然混响

在这个世界中，是否存在没有混响的地方呢？有！你坐上飞机，飞到一万米高空，然后往下跳，这时你大喊大叫，就是没有混响的，因为你在空中，周围没有任何障碍物，你的声音将会无限扩散出去而不会被反射回来，所以就没有混响。

另一个没有混响的地方就是声学实验室。声学实验室的墙壁、天花板、地面是经过特殊处理的，声音到达墙壁后会被墙壁吸收而不会被反射回来。为什么会被吸收？可以做一个小实验，找 100 根缝衣服的针，把它们捆在一起，弄齐，然后可以看看这一捆针的针头面，可以发现它是黑的，因为光线到达这一面后，经过多次反射，一直反射光出不来，所以就没有光被反射出来，就好像光都被吸收了一样。声学实验室的布置也是类似于此，把声音吸收了。

录音棚是半个声学实验室，能做到吸收大部分的混响。录音棚的墙壁排列都是不规则的，表面是用松软的棉制品构成，虽然比不上那捆针头，但声音到达墙壁后进入乱糟糟的棉花里，经过多次反射就留在棉花里出不去了，所以录音棚里的混响很小。

在一个房间里大吼一声，会有多少反射声，答案是无数。在这个房间里，拍一下巴掌，听到的声音是另一种声音的情况是不是很多？这其实是比较简单的一个反射过程。如果这个房间里再摆上一些桌子椅子，反射会更加复杂。

闭上眼睛，大吼一声，就可以知道你大概处在一个什么样的环境中，在户外，还是在家里。在家里大吼一声，就可以知道在哪个房间，及在这个房间的哪个位置。这是因为各个房间由于空间大小不一样、家具的摆放不同、墙壁的材料不同，所以具有各自不同的混响特征；同一个房间里不同的位置上，由于你距离墙壁的远近不同，所以也具有不同的混响特征。熟悉这些特征，就能光凭声音分辨出自己的位置。

其实专业的录音棚是有混响的，它们有很多板状的材料，可以灵活地把房间改造成各种混响特征。但随着数字录音技术的飞速发展，数字混响效果器能够模拟真实情况下的混响，因此就干脆把录音棚弄成无混响的，录完音后再用效果器来模拟混响效果，想要什么混响就有什么混响……这就是为什么录音棚，尤其是中小录音棚和个人工作室，都做成无混响的原因。

2．人造混响

在一个教室里，教师的声音经过多次反射，实际上是几千几万条到无数条声音反射线到达学生耳朵。为了讲解方便，这里只介绍5条反射线的情况。

教师每讲一句话，学生实际上就听到了6句。第一句是直接传到了学生的耳朵里，没有经过反射，后面5句是经过各种反射线路到达学生耳朵的声音。这6句话时间隔得非常近，声音到达有时间表，注意，时间单位是毫秒（1毫秒等于0.001秒）。

由于这些反射声到达的时间间隔太近了，所以学生就听不出来是6句话，而是 1 句带有混响感觉的话。学生听到的声音是这 6 个声音的叠加。这只是为了讲解方便，真实情况是几千几万个声音的叠加。

混响效果器就是这样工作的，把声音进行很多很多次的重复叠加，就得到了混响效果。有了这样一个假设，以后计算起来就方便了，无论教师说什么话，只要把教师的声音，进行某种计算，就可以得到 6 个声音叠加的效果。

那么，这个"某种"计算，到底是什么计算呢？在数学中这个叫作卷积计算，英文是 convolution，就是把教师的声音，根据上面所述 6 个脉冲波进行叠加计算。

30.2.2 混响技术参数

为了研究方便，声学上把混响分为几部分，规定了一些习惯用语。混响的第一个声音也就是直达声（directsound），也就是源声音，在效果器里叫作 dryout（干声输出），随后的几个明显相隔比较开的声音叫作"早期反射声"（early reflected sounds），它们都是只经过几次反射就到达了的声音，声音比较大，比较明显，特别能够反映空间中的源声音、耳朵及墙壁之间的距离关系。后面的一堆连绵不绝的声音叫作 rever beration。大多数的混响效果器会有一些参数选项来做调节，接下来讲讲这些参数具体是什么意思。

1. 衰减时间（decay time）

衰减时间也就是整个混响的总长度。不同的环境会有不同的长度，它有以下特点。空间越大，衰减时间越长，反之越短。空间越空旷，衰减时间越长，反之越短。空间中家具或别的物体（如柱子之类）越少，衰减时间越长；反之越短。空间表面越光滑平整，衰减时间越长，反之越短。

因此，大厅的混响比办公室的混响长；无家具的房间的混响比有家具的房间长；荒山山谷的混响比森林山谷的混响长；水泥墙壁空间的混响比布制墙壁空间的混响长……

很多人喜欢把家庭音响设备的混响时间设得很长，其实一些剧院、音乐厅的混响时间并没有想象的那么长。例如，波士顿音乐厅的混响时间是 1.8s，纽约卡内基音乐厅是 1.7s，维也纳音乐厅是 2.05s。

2. 前反射的延迟时间（predelay）

前反射的延迟时间就是直达声与前反射声的时间距离。它有以下特点。空间越大，前反射的延迟时间越长；反之越短。空间越宽广，前反射的延迟时间越长；反之越短。因此，大厅前反射的延迟时间比办公室的长；而隧道的空间虽然大，但是它很窄，所以前反射的延迟时间就很短。想要表现很宽大空旷的空间，就要把前反射的延迟时间设大一点。

3. 混响效果声的大小（wetout）

混响效果声的大小有以下特点。

混响效果声的大小与空间大小无关，而只与空间内杂物的多少以及墙壁及物体的材质有关，墙壁及室内物体的表面材质越松软，混响效果声的大小越小，反之越大；空间内物体越多，混响效果声的大小越小，反之越大；墙壁越不光滑，混响效果声的大小越小，反之越大；墙壁上越多坑坑洼洼，混响效果声的大小越小，反之越大。

因此，挤满了人的车厢的混响就比空车要小得多；放满了家具的房间的混响就比空房间要小；有地毯的房间的混响比无地毯的小；森林山谷的混响比荒山山谷的混响小。

4. 高低频截止（lowcut/highcut）和冷暖（cool/warm）

这个参数在有些效果器里是以 EQ 的形式来表现的，如 Waves 的 RVerb。这项内容实际上跟现实情况没有太直接的联系，只是为了做混响处理时声音好听而设计的。不过它也能表现高频声音在传播中损失比较厉害的现象，具体的解释如下。

一般在做处理的时候，为了混响声的丰满和温暖，都会把低频和高频去掉一部分。只有在表现一些诸如"宇宙声"等科幻环境时，才把高低频保留。

另外，有些效果器也把这个叫作 color（色彩）。例如，TC 的效果器就是 color。color 也就是"冷"和"暖"的感觉，高频就是冷，低频就是暖。因此，这些效果器用颜色来表示高低频截止，暖色（红）表示混响声偏向低频，冷色（蓝）表示混响声偏向高频。

高低频截止实际上在现实中是不存在的，现实中的普遍现象是低频声音的混响声音大小要比高频声音大。这是因为不同频率的声音由于波长不同，因此绕过障碍的能力不同，高频声音波长短，不容易绕过障碍，低频声音波长长，容易绕过障碍。加上它们在空气中传播时的衰弱程度不同（频率越高越容易衰弱），被墙壁吸收的程度不同（频率越高越容易损失），所以不同频率的声音的混响大小是不相同的。唯独有一种情况，是低频混响强度小于高频混响的，那就是很大的空间，并且里面布满了由硬质材料制成的障碍和表面，如采用硬塑料凳子和水泥墙壁地板的室内体育馆。

因此，有的混响效果器还会有不同频率的声音的衰弱程度的设置项目，但是也有很多效果器没有这项内容。

⑤. 不同频率的不同衰减程度（damp）

这个项目在有些混响效果器里没有提供。另外，在采样混响器里也基本上不提供这个项目，因为采样混响不同频率的不同衰减程度的特性已经包含在 IR 里面了。一般来说，混响中的高频是很容易大幅度衰减的。空间越大，空间内物体越多，物体和墙壁表面越不光滑，高频的衰减就越厉害。只有在中小空间中，并且空间表面比较光滑的情况下，高频的衰减才与低频接近。做音乐混音的时候，有时为了声音的好听，也并不一定要遵循高频更容易衰弱的自然规律。

⑥. 不同频率的不同的混响强度

有的效果器提供了不同的衰减时间供调节，英文通常是 high-frequencydecayandlow-frequencydecay。例如，UltrafunkReverb 就可以设置不同的衰减时间。这个特性与前面的 damp 基本一致。空间越大，空间内物体越多，物体和墙壁表面越不光滑，高频的强度越小，与低频的差距就越大。只有在中小空间中，并且空间表面比较光滑的情况下，高频的强度才与低频接近。以上3个与频率有关的参数，并不是所有的效果器都提供，有的全部提供，有的提供了其中两个或者一个。如果没有全部提供的话，可以用其他参数之一来代替没有提供的参数，因为它们之间的特性比较接近。

7. 散射度（diffusion）

早反射就是一组比较明显的反射声，这些反射声的相互接近程度，就是散射度。地板越不光滑(如铺上了地毯的)，声音的散射度就越大，反射声越多，相互之间越接近，混响是连声一片的，声音很温和；表面越光滑（如玻璃），声音的散射度就越小，反射声越少；相互之间隔得越开，混响声听起来就比较接近回声了，声音很有层次。因此，对于一些延音类的声音，如风琴、合成弦乐，可以使用较小的散射度；对于脉冲类的声音，如打击乐、木琴等，可以使用较大的散射度，混响就比较温和。有些效果器里有散射度这个参数，但是具体的定义不太一样。在某些效果器里，散射度是指反射声的无规律程度，空间的形状越不规则（如山洞、教堂），墙壁越不光滑，反射声音的出现越没有规律，散射度越大；空间的形状越规则（如无家具的住宅、空的教室），墙壁越光滑，反射声的出现越有规律，散射度越小。

8. 混响密度（reverbdensity）

这个参数的意思跟散射度差不多，只是针对早反射之后的混响部分。很多效果器并不提供混响密度，而是用散射度来控制整个混响。

9. 空间大小（roomsize）

这个参数很好理解，空间可以体现出声场的宽度和纵深度。不过不同的效果器在这个参数上会有不同的算法。另外，采样混响器不会提供这个参数，因为空间大小已经体现在IR中了。

10. 早反射音量（earlyreflections level）

这也就是早反射的声音大小。很多效果器可以独立调节早反射和后面的混响的声音大小。

11. 立体声宽度（width）

有的混响效果器有这样的参数，如果把这个值设大，那么效果器会使 IR 的左右差异变得很大，立体声感觉就出来了。

任务 30.3　总结及评价

先分组进行总结，分别说出制作过程及体会，写出书面总结。再互相检查制作结果，集体给每一位同学打分。

1. 任务完成大调查

任务完成后，还要进行总结和讨论，教学时可用表 16-1 所示的打分表进行评价。

2. 行为考核指标

行为考核指标，主要采用批评与自我批评、自育与互育相结合的方法。采用自我考核和小组考核后班级评定的方法。班级每周进行一次民主生活会，就行为指标进行评议，教学时可用表 16-2 所示的评分表来进行评分。

3. 集体讨论题

上网搜索房间为什么有回声，并进行思维导图式讨论。

4. 思考与练习

（1）掌握消声的基本方法，研究其规律。

（2）了解各种建筑混响技术。